U0837503

启浪出版公司

如何有效提问

質問力

話し上手はここがちがう

[日] 斋藤孝 著
傅稜君 译

文化发展出版社
Cultural Development Press

目　录

前　言

为什么能和初次见面的人就深刻交谈？

在现代社会，具有沟通能力是很重要的事，因为现今社会需要高度的沟通能力。然而人们的这种能力却有退步的趋势，不但使用母语沟通的能力降低，连点头示意等肢体语言的沟通能力也在不断退步。

看电视的时候，我们既不用发出任何信息，作为信息接收者，也不必对电视做出任何响应，而电视也不会抱怨。**这样的习惯导致越来越多的人和他人交谈时，不习惯利用肢体语言响应对方。**

患有“沟通不良综合征”的人在不断增加。但是我和年轻人接触时，发现他们与朋友之间并不存在这种缺乏沟通能力的情况。

不论是初中生、高中生还是大学生，只要是好朋友之间的互动，他们都能做到心领神会。许多时候，即使他们只是自说自话，也不妨碍对方了解自己的意思。

最典型的一句话就是“你听我说……”。这句话一口气切断了截至目前为止的语境，硬将话题拉到自己身上。而对方也同样自说自话时，却不会发生尴尬、友情恶化的情况。

双方都想在短时间内表达自己的想法时，这种方式的确很有效率。也因此成年人在旁观年轻人的对话时，经常误认为他们根本不重视对方想说什么。

但这并不意味着这种交流方式没有问题。在亲密关系中，可以容许只说少量的词或自说自话，但是这种说话方式不适合与朋友以外的人交谈。

举例来说，当我们接触初次见面的人，这种沟通方式就无法获得对自己有利的信息。和陌生人交谈算是社交关系，处于亲密关系与社交关系之间的阶段时，沟通是非常重要的。

很少有人可以面对几百人还能做出一个内容充实的演讲。即使不擅长某一领域，有能力和初次见面的人在三分钟内深入讨论话题，清楚地引导对方说出专业知识并掌握该话题，是决定你的人生是否多彩多姿的关键。而和什么样的人邂逅，则是决定人生是否丰富的根本。

能否和初次见面的人在短时间内达到深度交谈，这其中有

着在社会上生存的能力的差距。在现今社会必须具备策划能力和沟通能力，这是不容置疑的。但学校的教育却从未重视过自主行动和组织能力。

在拙作《能干的人和别人哪里不同？》中，我描述了三种能力：不用别人教也能抓到重点技巧的“模仿（偷学）能力”、与本书有连结性的“策划能力”，再加上可以抓重点提问的“表达能力”。这三种能力是在现代社会中生存所必备的。

常听到许多工作的人这样说：“如果有这三种能力，就一定可以在社会上更好地生存下去。我在学校并没有受过这方面的训练，一到社会才迫切感到它们的重要性。”

这三种能力中的“表达能力”正代表沟通能力。但在大家不断说着“沟通能力很重要”的同时，这种能力却在不断退步。由于“沟通能力”这个词太过抽象，以致大家无法理解其中的具体意思。所以，我想要在本书中彻底明确这个词的意义。

的确，心理咨师经常会用到“倾听技巧”。这就像是大家经常说的“倾听”，即对说话者一边点头聆听一边问出他的真心话，这也经常会用于日常生活中。我并不否定摆出倾听态度的这种做法，我也曾经尝试这种方式，不过在现实中也有很多不适用的例子。

因为将他人视作“患者”，想要通过交谈来缓解他内心苦闷的情况在日常谈话中并不常见。而且在普通的交流中，只是一味地倾听对方说话也是很不自然的。

当然啦，临床心理医师必然身怀这种技巧，并且运用自如，但我所思考的“沟通能力”是更为积极的行为。

在本书的“提问能力”中也综合了此项能力。换句话说，就是**通过提问这一积极行为来加强沟通能力。**

虽然倾听很重要，但如果没有提出有深度且精辟的问题，就无法提高“沟通能力”。通过自己所提出的问题，才能了解自己吸收了多少知识。而只是听取内容，则与马马虎虎地运动、学习才艺而不求进步是一样的。

希望读者在理解“提问能力”的概念之后，能加强“沟通能力”的训练。

用提问的能力来推测一个人的能力

流水账一样的内容只存在于普通的交谈中，我们从出生起就一直用这种方式来交谈。虽说是日常会话，其实不然——我们会在无形中严格地考察对方的实力，也就是对方的沟通能力，更明确的说法则是对方的“提问能力”。

举例来说，通常我们不喜欢面对老爱问无聊问题的人。假设你被别人归类在“和这种人多说无益”里的话，纵然你有多么优秀的才干，也将无法发挥。所以说，**“沟通能力”（提问能力）是一种想要发挥自己其他能力的舞台时所必备的能力。**

如果一位建筑师缺乏自我表达能力和讨论能力，建筑公司是不会让他盖房子的。纵使他强调“盖好了你就知道了”，也没有人会光凭这一句话就心甘情愿付钱。

要让对方将工作委托给你，一定是你在商谈中说出了让人信服的理由。更何况像建筑这种一直到完全盖好才能看到模样的商品，“沟通能力”（提问能力）的高深程度就如同生命一样重要。

以往我们总是处在回答问题的立场，因为在学校我们经常被要求回答，但我认为最重要的事情应该是如何提问。

例如，前几年被证明出来的“费马定理”（Fermat's Principle）。能够解开这个定理的人的确厉害，不过我觉得更厉害的是能够让人们在这一百多年中沉浸于思索答案的费马。能够提出这样的问题，证明他是一位有出色才华的人。

实际上这里也含有通过入学考试或是其他考试的提示。**如果你站在出题者的立场，就能够轻而易举地解答试题**。学习到某种程度，就可以简单地洞悉出题者的意图了。当你了解到出题者为何会提出这样的问题，以及提出这样的选项的用意之后，便可以了解出题者“这可是花了相当多的心思啊！”的心境，找到正确的答案便很轻松了。

我在接受大学入学测验的语文考试时，已经达到这个境界，几乎很少答错。这是令我颇为吃惊的新发现。以前我总是站在回答问题的立场，因此都用自己的价值观来回答。所以，理所当然地，出题者的价值观和我的价值观不吻合时，我的答案便被视为错误。

现在回头想想，当时的我是将自己的价值观过度反映在答案上了。出题者必须做出客观的判断，而不能陷入个人的价值观和深度理解，因为其只能在稍微浅显的部分对答题者进行筛选。

也就是说，在考虑到考试制度时，我的看法明显不对。姑且不谈一对一的面试，在考试时，让对方评价你个人理解的深度，无疑也是做不到的。

说到东京大学的试题，那真是有学问，尤其是第二次的语文和社会学科的论述题，一定是经过反复推敲才定出的。因为题目出得好，才激发了我想要回答的欲望，就算无法正确解答问题，也能心服口服。换句话说，**这种类型的题目本身就是本质而具体的，无法解答的人就是自身缺乏实力。**

另一方面，也有许多无聊的入学考试题目，让人不禁怀疑这种问题到底要测试哪方面的能力，甚至连琐碎的小事也拿来当试题。或许出题者想利用这些考题来推测考生是否也知道相关领域的事情，但将它列为题目则毫无意义。

我曾执教于小学生的补习班，**我让小学生组队，针对某一个知识让他们自己出题目。当他们一变成出题者，就因为熟知自己出的题目而显得格外有趣。**在知道正确答案的前提下提出问题，知识会在脑海里留下深刻印象。

让出题者和回答者互换角色，那么不论是算术问题还是社会问题，孩子们都会以惊人的速度学习知识，其好处就在于提问能力的启蒙。互换立场或是改变方法是件很重要的事。

但不能忘记的是，在那一刻是否达到了沟通效果？即便是互换立场，提不出适当的题目就等于没有意义，因为沟通也有不同的等级。

本书将列举许多具体的高水平的对谈，因为多见识好的例子才能迅速提升沟通能力，学习不好的沟通的例子则无法提高沟通能力。**大量分析高水平的对谈，培养自己如何找到别人优点的能力才是主要目的。**

无法辨识事物的好坏是无法成长的。我在本书所举的对谈例子当中，将会清楚说明这些谈话中的优点。看过本书的读者，如果开始察觉到自己在平时的会话中说出“啊！这一瞬间我达到了很好的沟通效果”，或者“此刻我和对方的沟通有障碍”时，那真是件可喜可贺的事。

我希望读者在自己的心中有判断有效沟通的价值标准。作为必要的辅助跳板，“提问能力”这一概念就成了本书的主要内容。

好问题能从优秀的人身上得到宝贵信息

比起发问，我们更习惯于将重心放在回答。但是否能做到有意思的回答或是正确的回答，则会因为个人的专业知识、经验、语言能力等差别而有不同。这些都是因个人整体的实力不同而产生的，从知识和经验都贫乏的人口中得到的答案也会是肤浅的，这是无可奈何的道理，根本做不到立刻改变。

但是提问就不同了。**即使不太了解这个领域，通过不同的提问方式也可以从优秀的人的口中得到有效的信息。**只要稍微注意一下提问的方法，结果就会有所不同。

一般人在串场时会不自觉地提出问题。当开始冷场时会突然觉得有必要发问，于是在串场的需求下提出问题。这是一般人的“提问能力”。对于被问者而言，尽管不是很有趣的问题，基本上还是会诚实回答。

但是在回答一连串无聊的问题后，就会开始产生厌烦。这可能会造成很大的损失。如果眼前这个人十分优秀，就会因此失去听到他说出重要内容的机会。

最好的成长方式莫过于和优秀的人交谈。我曾经学过网球，所以很了解个中道理。如果你想打好网球，就一定要和球技比自己好的人练习。因为他们练就了一定的步调，和其一起练习，就会慢慢掌握对方的节奏。并且打得好的人面对比自己球技差的人也不会乱无章法地发球，而是慢慢加速度让对方习惯，所以和这样的对手打球，会感到球技进步很快。

沟通也是一样的道理。谈话技巧好的人会帮助技巧不好的人，技巧高明的人会向对方提出很多的问题。“那么这时候的心情如何？”“具体而言又如何呢？”等有技巧的提问，会使谈话看起来非常圆满，因为提问的人掌握了诀窍。

“提问”的重点是：**就算没有相当实力，只要能有提问的技巧，也能够从有内涵的人身上得到宝贵的信息**。任何人听到有意思的问题，都会倾囊相授。

我将这种情绪称为“教学欲望”。只要你掌握了引导出这股教学欲望的最基础的“提问能力”，那么即便是刚开始上班不久的人，也能从上司口中得到珍贵的信息。

有个已经工作半年左右的毕业生来拜访我，说了这番话：“教授曾经说过，有提问能力的人在职场上备受爱护，但是要提出好问题是一件很困难的事。”

在职场中，确实会因为提问的好坏而在实力方面被贴上标签——通过提出的问题，人们会被严格判断“到现在还在问这种问题，这家伙没有救了”“知道问这个事情，将来前途无量，是认真在学习！”“很有自己的见解啊！”，等等。

提问的方式远比表达能力更可以显出一个人的实力。表达往往会受当时的想法所左右。

但是“提问能力”大多是稳定的。实力不足的人固定在低浅的阶段；实力扎实的人则会针对重点提问，这确实是个实力差异很明确的领域。就好比武术一样，分成几段或几级，是个层级分明的世界。正因为如此，才有提升的空间。

当然这本书会一边举出实际例子，一边告诉读者如何提出有技巧的问题。**但是我觉得最重要的是养成一种习惯，随时保持“提问”的意识。**做到这一点,“提问能力”才可以提升。若“提问能力”这句话永远不离耳边，效果就会确实地呈现出来，也就是所谓的念力。

当你能够理解过去从未注意到的“提问”的力量时，就会经常想要了解自己在提问方面的实力究竟有多少，这将会激励你提升实力。而促使大家形成这种思考模式，则正是我写这本书的最主要目的。

希望各位读者在看完这本书之后，可以完全了解“提问”的概念。

第一章

提问的技术

1 培养“提问能力”的练习

利用三色圆珠笔将问题分类

我在读硕士时，曾经听海外学者举行的英文演讲。演讲完毕后，就是问答时间。基本上，日本人都是在听完演讲之后才开始思考问题，所以不会马上举手发问。

虽然看起来是在很认真地思考，但从演讲完毕到提出问题之间会出现一段空档。这对演讲者而言，会有一种空虚感，他可能认为“没人提出问题，就表示自己的话没人听得懂”。

但欧美人在演讲完毕后就会立刻提出疑问，这就是我要强调的重点。由于我了解这一点，所以**在听演讲的同时便将问题记下来**。我的习惯是用三色圆珠笔的绿色写出疑问，对方说的话用蓝色画起来，重点部分用红色标注。也就是说，对方所说的客观事项用蓝色和红色，自己主观思考的问题则用绿色。用绿色标注问题，用英文写出问题，再用括号括起来或是用圆圈标注出来。

准备询问的问题用三重圆圈标注，不太重要的问题则用两个圈或一个圈来划分等级。演讲一结束，就可以马上从最重要的问题开始依次提问。

如果只问一个最重要的问题，就不会是不好的问题。若不经仔细思考就发问，便很容易提出愚蠢的问题。准备5个以上的问题，再从中挑出一个最好的，这样不论是谁都能提出精辟的问题。

先思考再发问原本是理所当然的事，但很多人并没有这样的习惯。被询问时会先思考再作答，但是在提出问题时却不加思索地脱口发问。就连电视主播也会问一些平庸的问题，令我相当惊讶："问这种问题能得到好答案是不可能的。"

和欧美人相比，尊崇儒教的国家对"提问能力"的认知非常薄弱，"评论能力"也很弱，我想这是因为"提问能力"低下所致。

虽然我将问题区分等级，但又是以什么作为标准呢？首先，我会将"也许个人很想问，但是别人或许没兴趣"的问题摆放在等级最低的区域。

在演讲会上，很多人会提出水平较低的问题，并且其内容多半是由自己的经验和知识延伸出来的，这就是最典型的搞不清楚状况的题目。如果只是两个人交谈还可以接受，但在演讲会上问愚蠢问题就会占用宝贵的时间。这种情况下，为了广大的听众，必须注意自己的问题质量。

也就是说，**“提问”可用来测试自己平时对周围状况或语境谈话内容的掌握能力**。只要听其提出的问题，马上就可以知道提问者对于现场状况或是语境谈话内容的理解程度，这是相当敏锐的指标。

更糟糕的情况是，问一些演讲者说过的话、没有听出演讲者的真意而抓到文字的尾巴就大做文章，或是问出的问题都是在显示自己的知识，又或者问一些细枝末节的问题、问的根本不是自己想知道或是不甚了解的问题。

因此在我自己的演讲会上，会尽量避免回答疑问，因为水平低的提问会让其他听众痛苦。身为教师，我早已经具备持续响应水平低的问题的功力，也习惯了客气地回答无聊的问题。

但是我必须避免让其他听众困扰。虽然我说过私人性质的问题可直接找我本人，积极提问的人当中还是会有人问一些题外话，反倒是沉默的人比较识大体，和我所期望的刚好相反。

在儒教文化圈，能够提出精辟问题的人，通常兼具谦虚的美德。就算不发问，自己推测之后也可理解，或是因为关乎到私人问题或专业领域，所以他们一开始就保持低调，我想这是儒教国家独特的特征。

然而以长远的角度来看，训练在公共场合的“提问能力”是很重要的事。

“提问”游戏可以训练提问的感觉

我在大学课堂上进行“提问”游戏，以训练学生们的提问能力。这是非常简单的游戏。

如果有40个学生，一组5人，一共可以分为8组。先由一组上台依序简短发表自己的爱好和喜欢的书。每一组的5个人各自戴上1号到5号的号码牌，1号在自我演讲时，其他各组的1号人员全部站起来发问。2号的人在演讲时，其他各组的2号人员也站起来发问。也就是每一次有7个人提出问题。

早一点举手提问的人可以坐下来。规定不能问同样的问题，如果一直犹豫不决就会失去提问机会。我会将学生的问题写在黑板上，然后由发言者选出最佳问题，不是身为教师的我来选，而是由被问的当事者来挑选问题。

这一环节的关键是要提出什么样的问题。发表者不需要回答每一个问题。首先让别人发问，只要从当中选出一个问题作答即可。也可以挑选两个问题作答，然后被选中的组可以得到一分。如此一来各个组在演讲完毕之后，得分最多的组就是优胜组，这就是游戏的规则。

通过游戏，可以找出优质的问题。像“这种问题也能拿出来问？”之类的问题是首先会被排除掉。也有“原来也有这种看法的问题呢”之类的问题，或是当自己筛选问题时，明明觉得该问题很好，但发表者却挑选其他的问题回答。

问题的内容超过一定的标准时，是否回答这个问题就多半受演讲者的喜好所影响。演讲者想更专业地演讲，又或是转移到其他话题，甚至想延伸主题、浓缩主题等，根据不同目的选中的问题也会有所不同。这便是锻炼“提问”的游戏。

超讨论（Meta-Discussion）的效果

将这种游戏延伸出一套“超讨论”的做法，就像日本朝日电视台的节目《通宵现场》一样，有七八个人围坐圆桌讨论。周围的人看着嘉宾讨论并给予评分。有趣的是，**等到讨论嘉宾变成评分者从上往下俯视的立场，马上就能看出正在谈论的事情的语境，**从而很清楚地知道是谁在掌控研讨会上提出的问题。

一般来说，观众的注意力会放在发表有趣内容的演讲者身上。但事实上，得先有引导出有趣内容的题目才行。因为如果没有问题的设定，就不会产生有趣的内容。如此有创意的问题，是从全局的角度来看待事物才能培养的。

这是非常重要的训练。观察几次之后，从上往下看他人讨论的这种姿态就会给人留下鲜明的印象，或是说由肢体感受从上观察的视线将留在体内。这样一来，当自己加入讨论时，就可以制造出在自己的斜后方注视过来的视线。也就是说在远处**有一个自己看着自己的世阿弥的“离见之见”**[①]。

这样的视线即是当自己快要被对谈的波浪吞没时，仍可以从客观的角度审视自己。例如，可以检视出“现在谈话的停滞有可能是因为刚刚所提的问题”，然后立刻修正谈话，想着“问这个问题可以回到原点”。

很多时候给出学生们需要讨论的主题之后，没多久他们就会开始谈和主题无关的内容。通常只要被卷入讨论，就很难全身而退，尤其是对手越想要诚实回答，越容易陷入泥沼。没有比这种还夸张的吧？既然没有循着主题讨论，就应该先结束话题重新做一次设定。

希腊文的meta是“超越”的意思。我们不但超越，还要抱持由上往下看的观点，有针对问题的意识。

由上往下看的学生会一边观察一边记笔记，发表犀利的意见，指出谁提出的问题比较好。即使在讨论时表现普通的学生，当他的身分转换成记分者时，也会有一番敏锐的言论。此时他

[①] 世阿弥（1363—1443），日本室町时代初期的猿乐演员。他提出“离见之见”，即在客观角度审视自己的表演。——编者注

们便并非局限于表面，而是要成为引导一场充实的研讨会的幕后主角。

他们察觉到当时“提问”的重要性。他们领悟到，**真正有实力的不是口若悬河，而是能在研讨会上掌控提出的问题的人。**这也是锻炼“提问能力”的训练内容。

训练提问能力的机会就在日常会话中

前项说明的是通过游戏来训练提问能力，而平日的会话也都是锻炼沟通力的机会。沟通的基础形式是一对一的两人对谈，所以练习熟两人对谈后，增加至三个人或者四个人都没有问题。因此首先要熟悉两个人的对谈。

这和踢足球是一样的道理,两个人对踢最简单。两个人的话，一面看对方一面准确互传，既没有干扰的人，选择对象也只限于一个。若不能正确互传,就不可能在多人参加的比赛中传好球，即使做到，次数也不会太多。

多数人一起讨论时，就像足球游戏一样有着复杂的力学关系。假设连一对一的训练都不及格，在多数人当中就更难营造出有意义的关系。

本书所提到的教材当中也举出了一对一深入对谈的例子。在沟通能力当中说起“对谈能力”，最先想到的就是两个人一对一地谈话。侧重“提问能力”来分析“沟通能力”是本书的大纲，这本书最想要传达给大家的就是**“沟通的秘诀在于提问的能力”**。甚至可以说，只要有技巧地提问，就几乎可以沟通无碍。

最理想的境界就是不分男女老少，立刻就能够深入交谈。或是在和外国人交谈时，不论外语能力如何，都能够达到有效沟通。如果只能和自己价值观相同、年龄相仿，又或是同样处境的人交谈，那么可以说是没有沟通能力。

现代人与和自己有相同背景的人对谈，占了绝大部分时间，因为和往昔相比，有兄弟姐妹的人少了，和不同年龄的人一起玩耍的机会也少了，甚至连和爷爷奶奶打招呼的机会都变少了。人们变得只能和与自己类似的人相处，就好比球赛，在自己的领地要比去客场更能发挥出实力。

但如果懂得如何提出好问题，那么不论在什么情况下，都能沟通。所谓客场比赛是指完全无法掌握对手的实力，但即便这样，你也可以靠提问技巧而引导出对方的金玉良言。逐渐熟悉对手的情况之后，又能进一步地问下去。如此下来，也有可能营造出“很聊得来！”的气氛。

你是人型点唱机吗?

和个性合得来的人交谈会觉得很聊得来，但除个性外，也会受当时的气氛影响。交谈顺畅的话,对方就会有“欣赏那个人”或“那个人是好人”等正面评价。

直白地说，一个人是否聪明在于掌握语境的能力。不能掌握语境的人通常被视为不够聪明。不是所有人都能产生出新的创意或发明，**但是不脱离语境、有条不紊地像织布一般对谈的能力，只要通过训练，就可以得到**。

然而能够做到的人却并不多。因为太多人只自顾自地高谈自己的经验，却没有将对方的经验世界和自己的相融合。

这种人可以称作“人型点唱机”。他们就像被按了点唱机的开关，我的一句话则像是点播了一首歌，10分钟内任何人都无法插嘴。如果话题有趣，还会让人听得开心，但也仅仅如此而已。

当人上了年纪，对方的经验世界或语境会变得无法和自己的融合。确实也有年老昏聩的人可以精彩描述身历战场的陈年往事，这也算是一种优秀的点唱机，但因为无法融入对方的世界，所以不能形成讨论。这是很遗憾的，因为对方只是自动点唱机，而无法现场演出。

2 成为“提问”专家

说话风趣不见得是交谈高手

一个人是否具有沟通能力，从某种程度上是可以判断出来的，与对方交谈则会更加明确。假设自己是一个二重奏的演奏者：如果一方是演奏高手而另一方很笨拙，那么高手也能配合弱的人做出精彩的演出。也就是说，我们需要变成这种人。

在言语交谈的背后，自己和对方都有着不同的经验和经历，双方都想发表自己的意见。因此能达到**在表达自己的同时，也融入对方的世界，并巧妙地萃取精华，再延伸至自己表达的内容里**，这种境界是最好的。交往时间越久，越知道彼此的经验世界，交谈的话题也会更丰富。所以交情好的人会比较聊得来。

但就像参加20年没见面的同学会，见面最初的5分钟、10分钟会谈得很起劲，到了后来就不知道谈些什么才好。这是因为失去了中间20年共同经历的时间，无法再找出共同话题。

交谈高手总会在交谈中穿插自己的经历，这么一来，就会是在描述这几年来自己的经验，而非浅显的表面话。再加上有技巧地套出对方的经验，这就是“提问能力”。**光会说有趣的话，不见得是对谈高手**。

我曾经和许多人对谈，也遇到过一次都没问过我经历的人。我想要吸收对方的经验而提出问题时，对方都会非常乐意说出自己的经历。只要对方也问我：“那么你的情况是怎么样的？”彼此的话题就会有交集。但有的人却做不到这点，这意味着这个人只会自顾自地说话。

但这不见得和工作能力成正比。具有沟通能力的人在工作方面会较为有利，但是缺乏沟通能力的人也能充分发挥自己的长处，把工作处理得很好。

不过，**为了营造愉悦的谈话气氛而融合彼此的经历是十分重要的**。双方融合的快感，会带来时间过得很充实的感受。

“提问能力”正是融合彼此经历的关键。不光是表面的话题，由侧面切入对方的过去来提出问题才是重点（参照下页图示）。**这些问题若能挖掘出对方的辛劳或累积的经验，多少会让对方留下深入对谈的印象**。

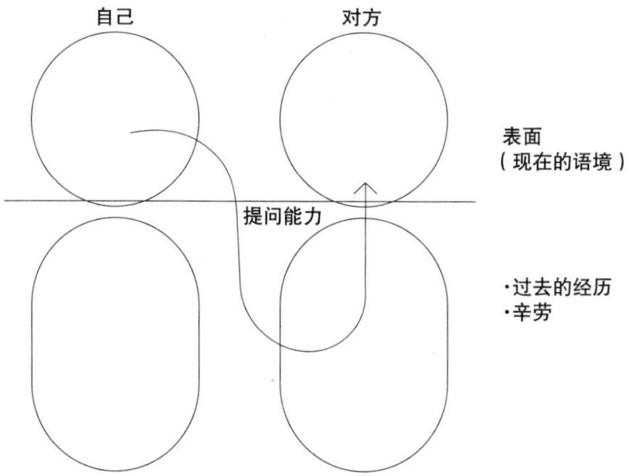

表面主题看起来和沟通能力毫无关系，但是谈话的侧重点不同，也会带出不同的经历。这么一来，话题的深度就表现出来了。因为对对方的主观世界感兴趣而提出问题时，对方也会浮现许多相关的回忆。这是一种发现，也是一种非常具有创意的关系。

培养提问能力来进行有创意的沟通，其实也有诀窍和技巧，这就是我想说的。

《谷川俊太郎33问》的优点

《谷川俊太郎33问》和《谷川俊太郎33问续篇》是非常有趣的策划。每个行业中属一属二的人才，都会被诗人谷川俊太郎所制定的33个问题给问倒。这33个题目充满变化，令人惊叹。

例如《续篇》的第1题："金、银、铁、铝当中，你最喜欢哪一个？”

由于是相当具体的问题，不禁让人起疑：“问这个要做什么？”脑筋动得快的人会说是铝。若说是金、银、铁的话尚可理解，一听到铝的时候，感觉仿佛脑袋被切开的人大概只有我吧？估计很少会有人回答铝。**如果不是透过非常具体的问题唤起人的想象力，谁都不会想到这个答案。**

第4个问题是：“‘日语五十音’和‘伊吕波歌’[①]，你比较喜欢哪一个？”

我相信很少人会去比较这两种发音，但是既然被问到了，很自然地会去选一个比较喜欢的。但喜欢的理由却是个发人省思的问题，**这个问题可以了解回答者的喜好和价值观。**

接着来看有点深奥的第7题：“如果有前世，你认为自己的前世是什么？”这是稍后将会提到的**“具体且本质”的问题**。所谓深奥的意思是，答案必须能反映本质而且具体。

第8题：“草原、沙漠、岬、广场、洞窟、河岸、海边、森林、冰河、沼泽、没有村落的岛屿，哪里最令人感到安心？”这样的问题已经有具体的选项，所以很容易回答，并且由于题目选项很多，所以做选择的人也比较轻松。并且由于有对比的答案居多，也容易解释选这个答案的思考过程。

[①] 日本平安时代的高僧空海大师取材佛经，用47个古代假名文字（五十音前身）编写而成的诗歌。——编者注

“哪里是最令人感到安心的地方？”若是被这么问，回答不出来的人应该不少。也有人会回答“不知道”“这很难说”，等等。如果有人对你说“这很难说”，那么你一定很难再问第二句。

如今的年轻人很喜欢用“这要怎么讲”来搪塞问题。我曾经听《周刊POST》的作家辅老心先生说过，他采访年轻女孩关于恋爱方面的事情，有一个女孩，不管你问她什么，都一律回答“这很难说”，这让他感到震惊。这个女孩不论面对什么问题，都以“这很难说”作答，而且是不经思考立刻脱口而出，这让辅老心先生很想反问她：“有这么难说吗？”

像这个例子，很明显地，回答“很难说”的人就是在滥用这句话的含义，但有些过于抽象的问题也的确容易让人回答“嗯……这很难说”。而谷川俊太郎的第8个问题，除了选项具体、回答具体之外，也可借其整理自己心中的价值标准。

谷川俊太郎擅于布局，第11题他是这么问的：“如果可以的话，请定义‘温柔’的意义。”忽然要你定义“温柔”的确很难，因为定义是要对某事物做出说明，因此必须深入思考才行。

或是像第16题：“请举出一个你讨厌的谚语。”不是选出喜欢的谚语，**而是要你挑一个“讨厌的谚语”，这一点让人感觉有别于一般的题目**。

第21题：“如果打赤脚的话，以下哪个地方让你觉得踩在上面会最舒服？大理石、草地、毛皮、木质地板、泥泞地、榻榻米、沙滩？”这是一个有关身体感触的题目，身体触感牵涉到人的过去经历，所以是一个具体而且关系到深奥领域的题目。

“你过去有着什么样的生活方式？”的问法远不如“赤脚走路时，你会选择大理石还是泥泞地？”后者多多少少可以问出一些蛛丝马迹。像是成长于农村的人多半会选择走在泥泞地上一样，从当事者的答案中可以感受到他过去的某些经历。

第22题：“你最容易犯下哪一种罪行？”是一个寓意很深的题目。虽然没有仔细思考过这种事情，但是也许曾经的某个瞬间在脑中有一闪即逝的念头。这是一个介于有意识和无意识之间的问题。

还有一个更能引发想象力的第27题：“如果有外星人问你‘ADAMAPE PUSARUNE YORIKA’，你该怎么回答？”回答这个问题恐怕得有相当灵活的机智才行。

像这样充满各种变化的题目有33题，其中最让我感动的是第2题，“举出一个你最有自信使用的工具”。

这是一道非常优质的题目，几乎可以洞悉回答者的内涵，真希望企业界的面试也能使用这个题目。问题的重点在于有没有“有自信使用的工具”这一点。因为这样有助于了解回答者在过往的人生当中，在哪一个领域投入了较多的精力？

例如我打了很长时间的网球，对于使用网球拍非常有自信。但是难道只有网球拍吗？倒也不只是这样。

我以阅读为主，持续不断地做日语练习，所以日语可以说是我最有自信使用的工具。如果将日语视为一种工具的话，我不会读错，也不会有难以表达自我情感或想法的障碍。在这层意义上，我很想回答日语是我最有自信使用的工具，或是说三色圆珠笔也是我有自信使用的工具。

像这种“举出一个你最有自信使用的工具”的问题，是一**种具体且本质的题目，它能让你清楚地回想从以前到现在所做过的事情**。

假设将这个问题设定成两人对谈的主题，应该可以发展出非常深刻的内容。这是一个可以构成共通主题的题目。该项工具的名称明白地投映出那个人的人生，甚至可以用该项工具的名称来称呼彼此。

话说回来，制定这类题目并非只是心血来潮，必须具备相当的实力才行。更何况附带33种变化可不是普通能力可以办到的，要真正的“提问”专家才做得到。

我曾经和谷川俊太郎谈过话。不论我掷出什么样的话题，他都能应付自如，在聊天当中我们越谈越深入。这早已经超越“容易相处的人、很善良的人”的层次，我认为他是一个将“提问能力”化为技术的人。

一眼就能剖析文案高手资质的问题

谷川俊太郎的题目很优秀。再为大家介绍一个刊登于2002

年6月1日《DACAPO别册》中“投稿生活”的广告专家仲畑贵志先生的访谈里的精彩提问。

这是仲畑贵志先生事务所在征求文案高手的时候提出的问题。在我介绍他的题目之前，各位可以自己先稍微思考一下。

“假设你是一个经营者，当你要雇用文案高手时，你将会提出什么样的招考题目？”

不是广告行业的人也能提出题目，但是却很难回答得好。

仲畑贵志先生的题目是**“请写出10个你认为是佳作的广告文案”**。他说只要听对方的答案就能判断对方的实力。假设对方提出的10个文案都是水平低的文案，那个人应该就不会被采用。对经营者来说，采用水平低的广告文案，就等于是将每个月的薪资丢到水沟一样，是很严重的问题。

能写出优质广告文案的人，必须有能够判断市面上的广告文案是否优秀的能力。有审美眼光的人可以判断自己作品的优劣。对于不是太好的作品，借由联想优秀的作品则可以提升自己的功力。

但假如自己受很大影响的广告文案不太优秀时，那么不论怎么打磨自己的广告文案上也无法发光，因为锉刀本身质量就不好的话，再怎么磨都是白费时间。

所以说，只要看应试者所举出的10个广告作品，就能够看出他的水平。这是个具体且本质的优质题目，可以运用到各种场景中。

例如，“举出你印象最深的10本书”“举出印象最深的电影”或是“举出几个名人”，等等。**题目本身的结构很扎实，只要随着行业不同改变内容即可**。这是一个经过仔细思考的、结构完整的题目，而不是随意想出来的。

如果连10个广告文案都想不出来，那么表示这个人不够用功。最近有些人在接受企业招考时，事先没有研究该企业的背景，不过是以向往的心态前往面试。所以这个题目也包含了“起码的功夫做好再进来考试”的意味。另外，从20家主要行业选出10家，或是从1000家中选出10家，这10家的含义也不同。虽说能不能选出10家很重要，而选出的10家所在的行业也非常重要。

例如，如果只是选出点心制造行业的广告文案，想必这个人只将心力放在这个行业。如果是从多个行业挑选，则表示此人收集信息的范围很广。因此,可以从答案推测出储水池的深度。

从谷川俊太郎的33个极富变化的题目中能发现，被舍弃的问题也很多，从而可以更加了解题目本身的深意。

问题是一张网。只要编织得扎实，就可以得到好鱼。

第二章

何谓好问题？—— 坐标图示法

1 建立“具体且本质”的提问意识

本章要稍微整理一下所谓的好问题是指什么样的问题。在这里，不是用直觉判断这个问题很好、那个很不好，而是利用坐标轴来清楚地区分问题的属性。

我喜欢利用“坐标轴思考法”，许多事情皆可用它来整理。从这个观念来整理“提问能力”，就会相当清楚易懂。用坐标轴来表示基本的控制方式后，首先如同第一章所提及的，**优秀问题的关键是“具体且本质”**。那么不优秀的题目是怎么样的，利用坐标轴便可以一目了然。

首先纵轴（y轴）的上方正向为具体的，下方负向则是抽象的。横轴（x轴）的右方正向是本质性的，左方负向则是非本质性的。

换句话说，右上方区块是“具体且本质”的问题领域。

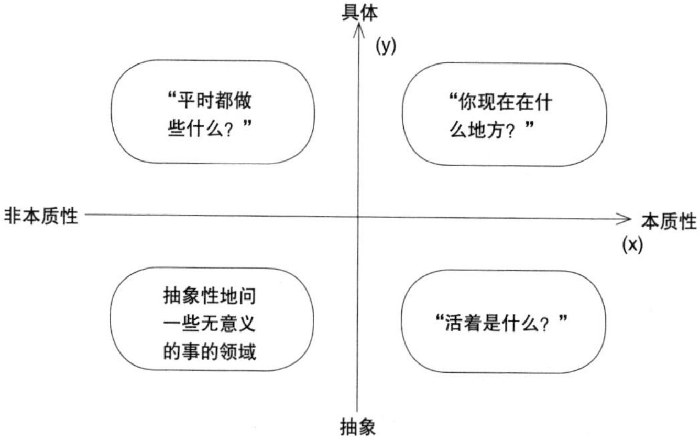

右下方数学上称为第四象限的区块是“抽象且本质的”。例如，当有人问你“对你而言，生存的意义是什么？”或是“人生当中最重要的事情是什么？”时，你回答：“是爱。”这种敷衍的对谈就如同被人问到“现在的心境如何？”而回答“很高兴”是一样的道理。

问题确实是本质性的，但问法过于抽象，答案也不得不抽象。“爱”和“高兴”这种文字或许涵盖了深层的含义，但是将它当作答案又过于平庸。

这是提问者欠缺“提问能力”，而不是回答者的错。具体且非本质的事情和抽象的事情乍看很像，很容易让人总是在同一个象限提出问题。如果想要问重要的事情或是事件的真相时，这种提问方式就非常模糊不清。

用上图的这个坐标轴来说，左上方的第二象限部分是属于

“具体且非本质”的问题领域。这就像是在面对拥有专业知识的对象时，问他有关于他的星座、平常都做些什么一些鸡毛蒜皮的事情，而不是问与他的专业相关的事。

又或者是面对体育选手，却提出无关体育专业的私人领域的问题。也像是电视上的娱乐八卦一样，看起来热闹却什么结论也得不到。

另外左下方“抽象且非本质”的问题则属于哲学性的，是具有特殊思考看法的人才会提出的奇怪问题。

而大部分的人在不清楚“提问能力”概念时所提出的问题，想必都集中在右下或左上的象限。因此将它转换成右上“具体且本质”的问题领域很有必要。

之前提到《谷川俊太郎33问续篇》里，“金、银、铁、铝当中，你最喜欢哪一个？”乍看这个问题,并看不出来是本质性的问题。可是因为这个问题最先被提出来，从而使回答者在回答后面的问题时会变得轻松，比一开始就提出深刻的问题来得容易适应。这和从谈话的开始，先问生日、出生地，之后便可更顺利地继续谈话是一样的道理。

当然，有人喜欢左上方“具体且非本质”的问题，也有人喜欢右下方“本质且抽象”的问题。如果宗教领域可以说是右下方区域的话，那么从这一类书籍畅销的情况来看，就可以了解到，世界上有不少人都喜欢问有普遍性的人生问题。

不过为了进行有创意的谈话或是发现新的意义，时刻保持右上方的“具体且本质”的问题意识是很重要的。

将坐标轴技巧化是非常重要的事。只看一次并不会有明显的效果，而一旦养成经常检查自己的问题在坐标轴哪个象限这种习惯后，再提出问题时，坐标轴就会浮现在脑海中，从而可以立刻发挥“我现在提问的水平在右下方，应该提出更具体的事情才对”的修正功能。

只要经常将这个坐标轴放在心上，提问的水平也会随之进步。就这层意义来说，坐标轴可以说是提高“提问能力”的技巧之一。

2 帮助整理思绪的问题

再介绍一个坐标轴。下页图中，y轴正向是“自己想问”、负向是“自己不想问”。x轴正向是“对方想说、想回答的”，负向是“对方不想说、不想回答的”。这个坐标轴虽然很简单，对于整理思路却有很大的帮助。

首先左上的第二象限是**“自己想问，但是对方不想回答”的领域。本书中我将它称为“孩子的领域”**。小孩子总是一股脑地提出自己想问的问题，但是大人却不都是有耐心回答。当孩童问大人“电视是谁发明的？”大人不见得知道，也没兴趣。但是孩童却会不停地问。这就是不了解对方的情况或是语境，以自己为中心提问的例子。

最近，我本身也经历了这个领域的事情。这是我带儿子前

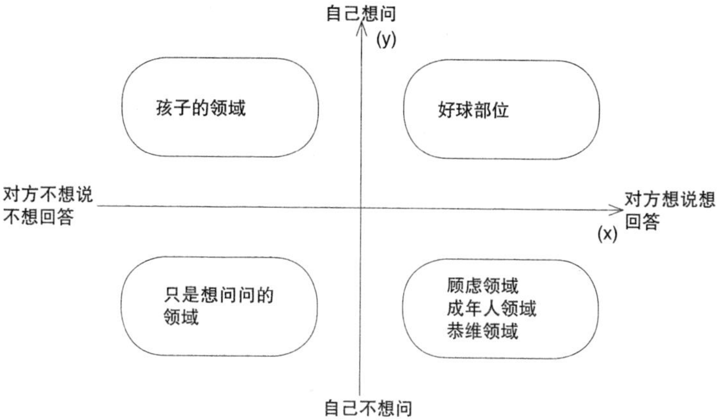

往我主办的“斋藤法则”补习班的途中所发生的事。

我不久前购买的二手车上刚好有导航系统，小学六年级的儿子对于这个设备相当感兴趣，不断对我提出卫星导航的问题。但我向来就是个对机械一窍不通的人，对卫星导航系统也没兴趣。

不停地被询问与我的爱好无关或是我不关心的问题，我终于招架不住了，对儿子说：“从你出生这10年来，我可是耐着性子回答过你所有的问题了，但是今天这个问题我不想再耐着性子回答了。”

提出问题要先揣测对方的状况、兴趣、关心程度，然后配合自己的兴趣或关心程度才行。只是出于自己单方面的兴趣而向对方提出问题，只会让对方感到困扰。

我还对儿子说：“现在，你可以提的问题只有一个，你知道是什么吗？”儿子这下子倒也不再提卫星导航的事了。他考虑了一会儿反问我："和多读点书有关系吗？"因为我经常告诉他："要多阅读。"

那虽然是我经常挂在嘴上的话，却不是在车上、这一刻必要提的问题。我所谓的只允许问一个问题的意思是："今天在补习班里准备做什么事？"

我脑子里唯一思考的是在补习班里要做的事。"今天应该做些什么"这件事在我的脑袋里正高速地运转。再说，儿子也是为了加入这个补习班才会搭乘我的车。

这时候我们父子会一起坐在车上，当然都是为了前往补习班。理解了这个脉络，就会知道当前应该谈论的是有关于补习班的事。如果我被问到这方面的事，我可以依照补习班的课程内容一边说明，一边整理自己的思绪。一个人在对他人诉说某事时，脑子里也同时将这事整理了一遍，这是整理思绪的法则。

反过来说，**如果有人提出可以帮助自己整理思绪，那可是难得的好事**，所以可以积极地回应对方。这就好比引水一般，双方一边讨论该如何进行下一步，等前进到目的地时，也达到了初步的成果。这是最理想的共处方法。

或是为了放松情绪聊一些无关紧要的话题也可以。透过"具体且非本质"的提问，可以得到放松的效果。但是当时的我作为主办者，心绪就有如前往战场般，所需要的是"具体且本质"的问题。

与儿子相处的10年岁月里，我耐着性子回答他的问题，经过这次的事情后，我终于定下了“提问能力”的坐标图示里的禁止领域。

3 现在与过去交集提问

与刚刚提到的故事有关联的，还可以做出其他的坐标轴（下页图）。y 轴正向是“符合现在的语境（状况）”、负向是“不符合现在的语境（状况）”。x 轴正向是“符合对方经历的语境”、负向是“不符合对方经历的语境”。

先前卫星导航的问题，不但不符合目前的语境，和对方的经历也没有关系。那么如果是问到有关书籍的问题呢？阅读是我一直以来不曾间断的爱好，这个话题虽然是符合过去的经历，但在前往补习班的路途上，也不符合“符合目前的语境”这一条件。

那么，问到“可以发问的问题只有一个”是什么事情时，**只要是延续现在的语境，也贴合过去经历的问题就可以**。以坐

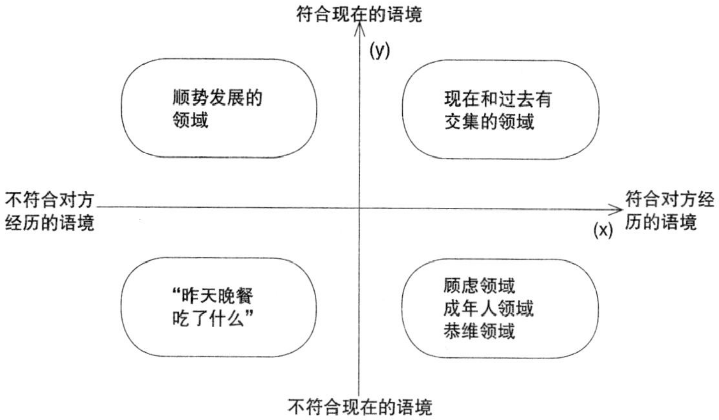

标轴来说，属于右上方领域里的问题就可以。

与之相反的是既不属于目前的语境，也不贴合对方的经历，就像是在这时候却问“昨天晚餐吃了什么”一样，此时此刻问这个事情的用意何在？是个相当突兀的问题。

然而，**并非切入对方的经历就是正确的**。例如，正在享用法国料理时，突然问起深入对方过去的问题时，对方难免感到不悦：“难得吃一顿美味大餐，为何要问这个问题呢？”像这种时候，只要聊聊菜品、红酒等之类的话题即可。

当然，开启话题不见得非得依照对方过去的经验，也可以就眼前端上餐桌的佳肴、葡萄酒提出问题。

同样道理，也可以谈目前热门的电视节目或是体育方面的话题。这是属于左上方的“符合目前的语境”但“不符合过去的语境”的领域。这里也可以说成是针对状况“顺势发展”的领域。

再整理一次。右下方是属于虽然自己不太想知道，但是对方积极回答的“顾虑领域”。

这种情况很少在在朋友之间出现，但经常发生在刚认识的人或是工作上应酬的对象上。对于自己没有兴趣但是对方有兴趣的话题，自己就会主动提出问题，让对方说得起劲。

这也可以说是**“成年人领域”。能否做到这一点，关系到社会生活的差异**。但是如果过于集中在这个领域提出问题，则很容易被归类为“阿谀奉承”。

例如，明明对高尔夫球不感兴趣，但因为上司很喜欢高尔夫，你问上司：“经理，最近的高尔夫打得怎样？”结果上司洋洋得意地说个没完，你只得装出一副兴致高昂的表情。

或是你对某人的儿子一点都不关心，见了面却问：“您的儿子最近好吗？”只要你问了：“最近如何？您夫人、您的孙子如何？”对方一高兴便开始没完没了地聊。这是社交辞令方面的“提问能力”。

右上方的领域是“自己想知道，对方也想说”。这是正规的“好球领域”。如果你连续问对方不想回答的问题，就无法炒热气氛。但是对方如果想回答，谈话气氛就会变得更加融洽，这是这一领域的基础。

但是如果偏离这个领域，也许就会不小心陷入“孩子的领域”

或是庸人自扰的“顾虑领域”。**重点是要明确地意识到自己所提的问题位于哪个象限。碰壁时就思考自己的爱好和对方的爱好，然后再次提出问题**。

左下方的领域是“只是随便问问的领域”。这是对方不很积极回应，自己也不是非常想知道的问题。如果问世界上有人会问这种问题吗？实际上大有人在。

当我在大学授课的研讨班上解说时，有个学生打断我的话，提出问题。由于他的问题打乱了当前的课堂气氛，一瞬间我的内心升起一股怒火。

但毕竟我执教已有很长时间了，随即便压住怒气回答他的问题。正当我开始回答，他却心不在焉。于是我问他：“你已经不想知道了吗？”他却回答：“对不起，我只是随便问问而已。”这是我班上频繁发生的状况，也希望学生们能有所改进。

4 决定企业命运唯一的问题

接下来从实际上参照坐标轴，举出一个优秀的“提问能力”的例子。日本一桥大学的教授米仓诚一郎著的《日本梦想家们》中提到了创办“TSUTAYA[①]”这个租借录像带企业的小城武彦的故事。

当i-mode[②]上市时，他使用i-mode做市场调查所提出的问题就相当好。

“本公司彻底执行一项原则：‘不懂的事情问顾客！’于是我利用i-mode做了一项实验，只要顾客在星期五中午的30分钟内

① TSUTAYA 为日本最大的录像带、CD 租赁连销店。
② i-mode 是由日本电报电话公司 NTT DoCoMo 于 1999 年推出的一种无线通讯服务，利用一套无线分封网络（称为 PDCP）提供上网服务，传输的内容是以 HTML 语言提供。

回答这份调查问卷，就有丰富奖品赠送。结果我发出的3万封简讯中，有2000封回信，这可是惊人的回应量啊！

“问卷当中，最想问的题目是**‘你现在在哪里’**。结果意外发现过半数的人不是在学校就是在工作场合。也就是说，是在上课中或工作时间操作手机回答问卷。这让我很清楚地感受到，和网络完全不同的i-mode，是相当了不起的通讯工具。”

思考调查问卷的题目非常困难，提问方法的不同会使得回复的答案不够具体，不了解回答者实际的情况也可能完全得不到回应。我以前也经历过这样的事，让100个人回答调查问卷，其中有90人没有回复。

这是针对大学老师所出的问题，内容是“在你的同事或是认识的人当中，谁的授课风格有趣？请说明他的授课方式”。我想之所以没有回答，可能是没人知道或是没有人感兴趣吧。依照我这个不服输的个性，则是认为他们不会互相交流授课的经验心得，所以才没回答。在我看来，这也算是达到了调查的效果。

问题可以调查出来的事项可大可小。就像使用i-mode做问卷调查，想要探测i-mode影响力的最适合的问题就是：**“你现在在哪里？”**

这是相当优质的问题。如果问：“你在一天当中会使用多久的i-mode？”所得到的只是间接答案而已。而若是在实际的时间里，询问现在在哪里，所得到的回答就会令人惊喜。

大多数的人在学校或职场，也就是说上课中或是工作时使用i-mode回答调查问卷。i-mode和网络有着不同的媒体力量，在这个问题中我们了解到了确实的答案。相信再也没有比这个问题更能问出i-mode影响力的了。

TSUTAYA捷足先登利用i-mode采取了战略，获得了成功。

“你现在在哪里”的问题以领域来区分，是属于“具体且本质”的领域。因为i-mode这个题目本身具有清楚明了的内容，加上又有相当具体的“在哪里”的问题，从而**一面询问具体的事情，一面逼近本质性，所以是属于具体且本质的“提问”领域**。

制定题目一定要充分地推敲。先想好几个之后再进行选择，或是针对一个问题不断地琢磨，这就是演练作业。随着题目类型的不同，后面的工作也会有所变化。

答案不一定要深入琢磨，但是问题如果没有加以琢磨，后面的表现或结果就会有很大变化。问题不能凭空想象，仔细推敲思考才是进步的捷径。

第三章

沟通的秘诀——①附和技巧

1 从“点头”到“换句话说”

“点头”和“附和”的技术

目前为止，大致整理了“提问能力”。第三章开始将提及比较单纯的原则。

沟通的秘诀在于“一面附和一面转移”。我将这句话作为标语，就像使用流行术语般的用到现在。在与人谈话时，一定要附和对方的话才能跟上，但光是附和也无法发展话题。以附和为前提，添加一些看法之后再稍微转移话题，这是综合我的经验得到的沟通诀窍。

这个经验背后隐藏着肢体的技巧训练。例如武士道中虽然也有突然将对方扳倒的招式，但一开始是随着对方的动作，在移动的间隙看准时机，再挪移身体之后施展招数。相扑的上手侧身抛摔或下手侧身抛摔也是先承接对手的动作，当双方的身躯扭抱在一起的瞬间，再移动自己身体的方向，使出招式。

两人的方向达到一致后，在势均力敌僵持不下的情况下，双方的身体都无法动弹，但是当你朝对方的相反方向稍微错开，将会出现十分有意思的效果。

语言的沟通也是一样。由于我是以肢体作为沟通的研究主题，而对谈也是以肢体为基本。**和对方沟通时，我认为一开始先用肢体的空间贴近对方来对话是最基本的。**

对谈时附和对方，可以用肢体语言来表达，例如“点头”的动作。只要你点头适当，说话者就会有得到认同的感觉并增加说话的勇气。年轻人不容易点头，但是工作以后愿意点头示意的人就会急剧增加。为了和不认识或朋友以外的人保持良好关系，点头是人际关系中重要的一环。

若是重要的工作或应酬，点头次数就更多了。乡下人比城市人点头次数要多。在演讲会上可以清楚地发现差别。在普通的交谈中也深深地点头，说话者就感到温暖便容易表达。以世代来比较，在出现电视或电动玩具以前出生的人比较擅长做出肢体上的响应，通过肢体语言响应对方，可以取得心灵共鸣的感觉。

但是，有意识地使用点头这种肢体动作来练习附和技巧的机会不多。照理说柔软的身躯做出点头的动作是很自然的，但是僵硬的身体却无法自然地点头。所以在日常生活中要配合时机有意识地点头回应，身体的其他部位也要养成做出回应动作的习惯。

在大学授课，我有时会让学生做点头的练习。**调和自己和对方的呼吸来试着点头和回应点头，是比较容易做到的**。例如对方的话在一个段落结束时，当他在呼气的一刻做出点头动作，就比较容易养成点头的习惯。

从语言层面来说就是附和的意思。“原来如此”“是这样吗？”或是“啊”“喔”等随声附和之后，比较容易使谈话进入佳境。随声附和和点头的效果相同。

遇到对方在说话中途情绪不好，不想再说时，首先随声附和对方，即使不同意对方的意见，也可以将对方的话题引出来。这是提升“提问能力”的前提。

虽说问题必须简单明了，但没有肢体动作搭配附和技巧，谈话就会显得冷漠单调。

除了点头或随声附和外，还有另一种技巧，就是重复对方说过的话。这个方法随着谈话的氛围引出新的内容时最有效果。过于刻意地使用或许有做作的感觉，但是重复对方说过的话，仍可促使对方继续往下说。

不过不能将语调上扬变成疑问句。**重复对方的话而语调不上扬，是一种鹦鹉学人说话的技术**。就算重复对方说过的话产生不出新的意义，但是对谈高手仍会充分使用这项技巧。

“换句话说”和“引用”的技术

下一阶段的附和技巧里头还有一招叫作“换句话说”。这是将对方说过的话用自己的话说一遍。虽然意思没变，但对方仍可感受到听话者将自己说过的话用不同的方式表达出来，向说话者传达自己已彻底吸收了对方说过的内容。

“换句话说”是一个测试内容理解程度的好方法。用不一样的话或是用自己的话换成不同的说法，这种训练有很好的效果。用同样的语言重复描述只是照本宣科，但是**用自己的语言换成新的说法，则代表自己充分理解了内容，已将它转化成为自己的东西**。如此一来，对方会感到这段对谈并非白费工夫，比随声附和或是鹦鹉学舌更高一筹。

还有一种更高超的“引用”技巧。这是将对方在更早之前说过的话，重新穿插在目前谈话中的技巧。这是较少人使用的高度技巧，但非常有效。

我有时会应用这项技巧，先在对方的内容里找出关键词。然后当对方听到自己说过的话被我使用时，就会提高对方对我的好感。

如果是立刻重复对方才说过的话，则是鹦鹉学舌。如果是引用脑海里对方二三十分钟以前说过的话，或是在别的地方说过的内容，将得到对方的好评："你果然很懂啊"。因为是自己说过的话，理所当然"很懂"。更何况是自己整理过的内容，对方当然听得津津有味了，所以这是一招极为有效的技巧。

这项技巧的训练还包含随身做笔记。如果只是听内容，要将二三十分钟前所说过的话重新穿插在当前谈到的话题里，其实非常困难。**但是养成记笔记的习惯，用手写、用眼睛看并留下文字，就可以随时审视确认**,甚至一面确认一面产生新点子。这么一来,很容易营造一段理想的对谈。

之前提到过的内容在目前的语境里得到利用，并不会产生冷场的窘境，反而能使对谈有条理地交织、发展下去，成为有深度而且充实的对谈。

在引用法里也有一种技巧，不是直接引用对方所说的话，而是"拉进"话题完全不同的其他语境。单靠两人的经历所谈的内容，并无法避免冷场的状况发生，这时候引用第三种话题融合在二人的谈话当中，就可以延伸出更广泛的内容。

附和对方所说的话，加上引入其他的例子，不但可以增加附和的方向，再添加稍微特别的例子，就变成了转移技巧。关于转移技巧将在第四章详细说明。**总而言之，诀窍在于除了谈论自己的话题以外，也纳入其他的题材找到共同话题，才能让双方的谈话气氛更热烈。**

2 让对方产生共鸣：深入的“附和技巧”

重复对方的言语——“鹦鹉学舌术”

接下来以具体的对谈场面为例，来看看沟通的秘诀，尤其是关于“提问”的诀窍。

首先是附和技巧，主要是附和对方并且和对方的内容产生共鸣的方法——“共鸣法”，和归纳对方的想法——“归纳法”，以及进一步整理对方杂乱的思考——“整理法”。

上述的方法是**一面附和对方所说的话，一面深入探寻。这会刺激对方谈话的欲望**，在提出问题之前，则通过随声附和或是点头来和对方产生共鸣。

首先举一个实际的例子——《原来如此的对话》。这是一本心理学家河合隼雄和作家吉本芭娜娜的对谈集，书中两人有着精彩的互动。

河合：虽然是这么说，但就像吉本小姐刚才说的，事物的发展，整体上可说是构建得很完善。

吉本：的确，我认为构建得很完善。考虑过多才去做反而会失败呢。

河合：构建得很完善啊！真的是这样呢！我可以说是“偶然专家”，时常会偶然地遇到好事，而且还不少，真的很神奇。就拿作品来说，从头到尾都可以用逻辑来解释的话，写出这样的作品，我觉得很不合常理。

首先，河合隼雄说道：“虽然是这么说，但就像吉本小姐刚才说的，事物的发展，整体上可说是构建得很完善。”这就引用了吉本芭娜娜之前说过的话，以她的说法提出她的见解，再将其引入自己的语境里。

吉本芭娜娜接着回答：“的确，我认为构建得很完善。”因为是自己说过的话，当然要表示赞同。

河合隼雄接着再次强调：“构建得很完善啊。”这句话本身并没有产生新的意思，不过是对方重复说法之后自己再确认一次罢了。但是这个过程有积极的含义，是巩固对谈共鸣的基础。

看起来虽然没有产生新的意义，但为了制造一个对话基础，以便酝酿出另一个新的意义，就有必要制造像这样赞同对方的对话。

这是属于重复（鹦鹉学舌）的技巧。听了“构建得很完善”之后，再重复同样的话，说“构建得很完善”。

重复的技巧可以比喻成职业棒球赛的投手练习场地。比赛中，会安排捕手和准备上场的投手做肩部的热身训练。练习场中的捕手的重要任务是让上场的投手有出色的表现。

因此让捕手的手套发出好的接球声音是很重要的事。即使投手一开始的状况不是很好，听到手套接到球时发出的声音就可以确认自己投球的状况：“嗯！就是这个感觉”，从而来增加自信。

谈话里也有一个可以获得良好响应的技术——“啊！原来如此！”在拍手的同时重复对方的话。这招技巧也可以运用在没有共同知识的对象身上，可说是谈话的润滑剂。

如果练习场的捕手使用的手套没有声音，将会是怎样的状况呢？投手肯定会肩膀受伤。如果全力投出快速球，却几乎没有声音，便会因为没有目标而勉强自己继续投球，或者导致投手意志消沉，这都是恶性循环。

可以在和知识渊博的人交谈时使用这个技巧。提问技巧高明的话，能让对方接连不断地说下去，如此听者就会受益良多。

可以从学到的内容反问对方:“对了!这就是刚刚老师所说的对不对?”反复使用这个方法,内容将更扎实。即使自己完全缺乏知识,也能继续精彩的对谈。

这种情况,一开始的时候不见得一定要提出问题。首先引导对方打开话题,然后重复对方的话,同时和他保持相同步调。告诉对方自己已经理解这段话,再引导对方说出新的话题。在这样的循环下,彼此共通的情报量越来越多,更容易找出提问的素材。

不过使用这个技巧要拿捏得当,初期多少有点不自然。这时候不妨用加上“是……是……”来重复对方的话。**特别是当对方说出你不曾听过的专有名词或是固定名词时,通过重复来让自己慢慢习惯,**因为人都比较习惯自己说的话。

接着再继续看《原来如此的对话》。

河合对吉本芭娜娜说“构建得很完善啊!真的是这样呢!”时,使用了日本关西地方的方言腔调。保留方言的好处在于褪去“心理治疗师的严肃气息”。

心理治疗师经常使用的技巧是:重复对方的话之后再引出对方更多的话题,时常带着“心理治疗师”的特质。虽说也是附和对方的言语,但是透过方言可以摆脱过分客套或是不自然的附和所带来的僵硬。

方言是土生土长、根深蒂固的风土民情,而心理咨询技术来自欧美,所以比较适合标准语言。这时候加入方言,可摆脱心理治疗师的形象，加深单纯的个人交流气氛，所流露的是个人的性格或肢体语言的魅力，以及坦诚相对的诚意。

河合隼雄长年担任教师和心理治疗师，稍一不注意就会流露出老师或心理治疗师的气息。这一点也不奇怪，例如有教师经历的人来解说体育，总是难以摆脱讲课的感觉。但是在这里却嗅不到一丝那种气息，讲方言正是除去那种“气息”的一种加工处理。

在《原来如此的对话》里，可以见到重复对方的言语再融合到自己的语境的例子。

吉本：碰到那种情况，该怎么处理呢？顺便一提，以目前的案子为例，您会如何处理？

河合：最重要的是，要了解“那个人内心真正想说的话是什么”。

吉本：那个人……

河合：没错！那个人“真正想说的是什么”。

吉本：原来如此。

河合：不过，那个人最想说的是“不能只为这点小事就感到张皇失措”。一旦我觉得有点失败，也会有些不知所措吧。那是因为我的反应会引起对方的不安，从而变得更加不安。为了消除内心的不安，那个人觉得胡说八道总比没有办法好多了。于是“谈话费,还给我”这种话便脱口而出。对我来说，虽然不太有那种经验，但是从事心理治疗指导以来，像这样的故事听了一大堆。一旦对方要求“谈话费，还给我”——像这种偏执的人还挺多的，只好回答他“知道了，谈话费会还给你”……。

吉本:听到这番话，对方一定感到很失望吧。

河合:没错！是很失望,“老师,你会说‘谈话费会还你’这种话吗？”

例如，河合说:“最重要的是，要了解‘那个人内心真正想说的话是什么’。”吉本于是重复说:“那个人……”河合马上说:“没错！那个人‘真的想说什么’。”两人再一次为了确认而说同样的话，就像重复投球和接球的动作。

紧接着同样是河合说:“知道了，谈话费会还给你”。吉本响应:“听到这番话,对方一定感到很失望吧。”然后河合说:“没错！是很失望，老师，你会说‘谈话费会还你’这种话吗？”在这里河合呼应了吉本的“对方一定感到很失望吧”之后，直接回答“没错！”再联系到“是很失望”。

这是将对方的话融入自己的话中，形成了对方和自己都有所共鸣或同调的成功的例子。对话出现冷场时，这是非常好的做法。河合隼雄是一位对谈高手，不管对方投出什么样的球都能接住，他的最基本的技巧就是重复。

找出对方和自己的共通点

至于稍微高明一些的“附和技巧”，可以看看手冢治虫和北杜夫的例子。参见《手冢治虫对谈集》。

手冢：北先生，说到我的爱好，或是说嗜好、兴趣也好，其实和北先生有一些共通点吧？一定有，比方说，昆虫。

北：啊！是啊，我也喜欢昆虫。

手冢：昆虫对于我来说，可说是有相当深厚的渊源。怎么说呢，我啊，在描绘其他的物品时，是马马虎虎地画，只有画昆虫才会详细地描绘。就因为喜欢，所以我所画的昆虫非常遵从生物学。

这两人是相同年纪的人，早已经有某种程度的默契，容易产生共鸣。北杜夫说：“在我身上有好的和坏的孩子气，看手冢漫画是属于好的孩子气。”而手冢说：“那是因为和我的爱好或是兴趣有共通的地方。”这就表达了两人之间有某些联系彼此的东西存在。

这个和我上课时经常做的“偏好地图的交换”很类似。所谓“偏好地图的交换”指的是在纸上写满自己喜欢的东西，互相交换，从而制造会话素材的训练方式。

与其直接说明自己是什么样的人，**不如互看彼此喜欢的东西，找出和对方的共同爱好**。从这里可以产生具体的问题，例如“你说你喜欢足球，那么你喜欢哪一队？”或是“如果你喜欢这种音乐，那么你认为这首歌如何？”等等。如果喜欢的东西一致，就会使气氛一下子变得热情起来。因为分享并讨论喜欢的东西是最愉快的事。

一般情况下是不会相互给对方看地图的，所以不会知道对方喜欢什么？但即使不拿出“偏好地图”，也能像手冢治虫这样自己找出关键的方法。就像他对北杜夫说的：“有某些东西可以连系彼此。”这时对方便也会加以思考。

手冢的高明之处在于说出具体的例子。他说：“比方说，昆虫。”就令北杜夫有了共鸣，于是也说：“啊！是啊，我也喜欢昆虫。”这时候手冢治虫延续话题：“昆虫对于我来说，可说是有相当深厚的渊源。”虽然彼此过着不同的人生，但是只要找出交叉点、结合点、连结点，接下来的话题就很容易了。

手冢治虫用“昆虫”找出两个人的爱好的共通点。之后再讨论金龟子、甲虫的不同之处。这么一来，原本就有同年龄这个共同点的两个人，更因为昆虫而产生亲近感，之后就更能够自然地提出问题了。

接着，“在这方面有交集”这种结合点增多之后，便会形成一种网，从而逐渐明白：“原来如此，自己是在这样的状况下邂逅了对方的世界。”

若提问能力能达到手冢治虫这种程度，那么即便不去考虑自己和对方在何处有交集，也可以交谈。虽说他本身就持有丰富的话题，但是以“因为昆虫而有所交集感到喜悦啊”来寻求共鸣的做法，更能让人感受到他这个人温暖的性格。

抱着强烈的意识找出对方和自己的共通点来交谈，一定可以产生好的问题，使整个沟通达到生动活泼的境界。

然而这世界上也有人放弃努力寻找他人与自己的交点。更糟的是即使互相看了“偏好地图”，却不能针对对方的地图提出问题或是谈论相关的事情。明明可以看见对方的地图，却只说关于自己的偏好。

自己喜爱的话题随时都可以聊。对方喜欢的东西和自己喜欢的东西，即使有一点不太吻合，也要想尽办法找出共通点融入话题当中，这才是最重要的。

要问出对方喜欢的事项，最好的方法就是“附和提问”。**根据对方的经历或是对方所谈到的语境提出问题，只要能导引出对方喜欢的事物，光是如此也能达到相当亲密的沟通。**

就像手冢治虫和北杜夫一样，可以因此建立良好的友情。

理解对方的努力

到目前为止，所讨论的是当你没有对方数据时对谈的附和技巧。

这回讨论的则是以了解对方的资料为前提的对谈附和技巧。我们来看看黑柳彻子和淀川长治的对谈:《彻子和淀川大叔——趣味人生讲义》。

淀川:我也是，与其说是增加电影的知识，不如说《星期日西洋电影剧场》这个节目给了我很大的帮助，在我担任主持人的这15年来，应该多少发挥了作用吧!

黑柳:但是您也评价过800部电影了，对于这么多部的电影，我想您不见得都喜欢吧?您都是投入情感做讲评的?

淀川:多达800部，难免有过“有一点点乏力啊”这样的时期。这个时候我并不会去想“这是我的职业形象，不说话怎么可以”。一旦有这种想法就完了，我只想说:“让我请假。”不过呢，电影这这种东西，绝对要有它的长处才行，例如，干净的厕所之类的。

黑柳:哈哈哈!您说厕所!

当淀川长治说到他主持《星期日西洋电影剧场》有15年之久时，黑柳彻子立刻举出具体的数字:“有800部，在这么多的电影中……”。通过这个具体的数字，可以表示认同对方的工作辛劳，并传达对他的尊敬。

重点在于先提出对方最辛苦的地方。例如有些论文审查，净批判一些细枝末节的地方，对于作者最花心力的部分却完全不做任何评价，我认为这是不正确的评价方式。**人际沟通里最需要的是找到当事者最花费力气的部分并加以认同。**

换言之，沟通不是扣分制。所谓扣分是用自己的标准寻找对方的缺点，至于对方的优点和为其花费的莫大心力，只要不合自己的标准就全部舍弃。放大对方缺点的评价方式是无法加深彼此共鸣的。

回到黑柳彻子的对谈，在她以“800部”表示同感之后，再提出后来的问题就很合适：“对于这么多部的电影，我想您不见得都喜欢吧？您都是投入情感做讲评的吗？”

这个问题的切入点相当好。**800部电影不可能全部都喜欢。他是怎么办到一直保持热情讲评的呢？她想知道其中的秘密。这是直接逼近淀川长治的魅力核心的问题**。只要是他解说过的电影，不管是哪一部都让人觉得精彩，刺激人们去观赏的欲望。

没想到答案更有趣。淀川非常诚实地回答：“是啊！800部当中也有几部让人‘有一点点乏力’。”如果他说“每一部电影都好看，全部让人感动”，那么这段对话就会显得平凡无趣。但是连淀川长治都说有“有一点点乏力”的话，就让人感到很有意思。

接着他又发表了有趣的话：“这个时候我并不会去想‘这是

我的职业形象，不说话怎么可以'。一旦有这种想法就完了。”在这之后他又说：“电影这种东西，绝对要有它的长处才行。”并举出具体的例子，“例如，干净的厕所之类的”。然后引起黑柳爆笑：“哈哈哈！您说厕所！”

这段话的发展非常精彩。如果将这段话套用制式的回答就一定会减许多分。要是说真心话，回答出“不过是生意，做得心不甘情不愿”这种答案，对方一定会傻眼吧！像这则具体例子中的“厕所”，真是非常有趣的回答。

连接具体话题和抽象话题

黑柳彻子最拿手的做法是赞扬对方的优点之后，再来开展接下来的话题。

“淀川先生，您是个拥有高度美感意识的人，这在电影里也是很重要的一环吧。”黑柳彻子提出这一个不像问题的问题。但是说到“美感在电影里也是很重要的一环”这个问题时，一定也会根据“美”来谈论。

假设今天问的是：“电影中的美是指什么样的美？”相信气氛一定很严肃。得到的答案也会是普遍性和一般性的说法，甚至演变成理论性的说明。

此处沟通的要领在于引导出对方最深奥的经验，而不是关于电影一般性的美，“淀川先生，您是个拥有高度美感意识的人”，直接点出问题，要求淀川回答用他的审美观来看，电影的美是指什么？针对主观经验或价值标准来讨论，是非常棒的引导技巧。

而且把“您是个拥有高度美感意识的人”这句赞美的话说在前头，会让对方很愉悦地进入这个话题。假设换成“请谈谈关于高度的美感意识”，则反而使对方很难为情，黑柳**将个人的话题“美感在电影里也是很重要的一环吧”连接到一般说法来提出问题的方式非常高明**。

这是很重要的事情。有些人在对谈中只会随意说些过于普通的话题，却无法说出深刻含义的话。另一方面，也有的人只会说具体或是个人的内容。本来通过话题的连接是可以加深沟通的。黑柳彻子即是在她的问题里面包含了诱导的暗示，希望淀川结合两种主题来回答。

改变一下话题，我在学生时代曾经参加心理治疗师罗杰斯博士（Carl Ransom Rogers）的“会心团体”（Encounter Group）。那是个10个完全不认识的人在一个房间内交谈的小型座谈会。

我当时担任聚会的负责人，这并非主持人的工作，而是当座谈会出现冷场的时候，负责带动气氛好让座谈会顺利进行的工作。

基本上对初次见面的参加者来说，不需要设定主题，只要能随心所欲地聊就好。出乎意料的是，很多人一下子就谈论到深刻的话题，连跟好朋友都不会说的人生问题都当场提出来讨论。也许这是因为都是陌生人，反而可以轻松撤除心防的缘故。

我参加座谈会的时候，有一位爱钻牛角尖的男孩被一位女学生严厉批评："你所听到的和所说的全部都是一般论，你不能更坦白地表达自己的意思吗？"因为他总是千篇一律地说："人类不就是这样吗？"虽然在对话中想要纠正过来，但就像陷入唱片的音轨一样，又回到一般论。

另一方面，批判他人的女学生也是从个人的经验角度来批判别人，而不去交融其他人的经历，抽象化能力稍微欠缺了一些。如果对事物稍微做点抽象性的思考，或许就可以发现自己的经验与他人经验的交叉点，然而她做不到将这两者连结起来。所以在说自己的事情时，她表现得兴致高涨，而一谈论到他人的经验时，就显露出无聊的样子。

两人的对谈实际上并不对称，在旁边观察也颇为有趣。这个具体与普遍的往返将在第四章做详细说明。

在对方谈话中寻找大量的重点

再举出一个产生共鸣的技术。作家村上龙在对谈集《村上龙对谈集——生命中难以承受的骚莎舞》当中，和作家田口蓝迪进行对谈。

村上龙在电视节目"龙头场"担任男主持人，所以回应技巧很高明。村上龙活力充沛的形象让人印象深刻，事实上他也可以配合他人的谈话。

村上：田口小姐，因为您在不过5分钟内提到了约20件很重要的事（笑），我差点不知道该针对哪一点做反应好。不过您现在所说的话，很像教育小说（Bildungsroman），也和以前的黑塞（Hermann Hesse）类似呢！

田口：因为我是他的书迷（笑）。

田口蓝迪接着又谈了一些话之后，村上龙响应："因为您在不过5分钟内提到了约20件很重要的事（笑），我差点不知道该针对哪一点做反应好。"这是非常高明之处。不论是谁，当有人说"因为您在不过5分钟内提到了约20件很重要的事"，那么就没有人会不高兴——果然高明。

在对谈中，谁都会担心自己说的话是不是毫无意义，甚至认为自己的话一定会被否定。也许有人充满自信地认为"我从不担心"。许多人经常是在"自己说的话有无意义"这种疑虑心情下进行谈话。

在这样的心境下，当有人说"5分钟内提到了约20件很重要的事"时，田口蓝迪的心里自然产生"接下来可以畅所欲言了"的轻松心情。这带来的不只是放松，而且会更加兴致高涨。

仔细想想，比起被发现谈话内容里有20个重点的受访者，能够找出20个重点的访问者的才华显然更高。如果受访对象说出很有趣的内容，而访问者反应迟钝的话，或许只找到一个重点也说不定。然后在有限的问题当中所发展延伸的话题也会变得狭隘。

但是**访问者如果反应机敏，接收到的重点就会很丰富**。然后将这些重点作为题材，不断展开新的话题。在5分钟时间里储存20个材料，转移新的话题时，就算没有发展性，起码还有19个材料可用。

所以当对谈中途有冷场时，从剩下的19个题材中找出一个就可应付了。村上龙在短短5分钟之内，记忆了20个重点。

对话时会形成像路线一般的线条。一开始没有被选上的19个问题，在后面的谈话中不但可以增加访问者讨论的幅度，也可以让谈话仅限于单线的内容，从而变成有如面一般宽广的沟通内容。

假若只是茫然地听取，不可能达到这样的沟通能力。**必须认真听取对方的话，寻找话题中的重点才能做到**。

要增加对方的气势，不只是称赞对方，还要提出具体的重点。例如加上一句“我差点不知道该针对哪一点做反应好”，之后再提及“很像教育小说，也和以前的黑塞类似呢”。虽然田口蓝迪尚未提到称为教育小说的、描述自我心理成长及道德教育的小说，村上龙已经做了串连话题的预备动作。

根据对方所谈论的内容，提出“这件事和其他某件事类似吗？”的问题，才是发问的快捷方式。这是相当有效的提问方式。重复对方所说过的话，谈话不会有进展，将其他素材导入话题，引发出对方更多的灵感。将类似事件带入话题时，不妨提供对方不曾思考过的事物，或是不为人知的秘密，这时对方将会觉得“虽然没有明讲，但此人是了解我的”。或许所引入的题材超出目标，可能造成对方“你根本没听懂！”或是“感受性很差”的印象，但是若能够有技巧地引导进来，就会达成“充分理解”的讯息。

村上龙的“看起来很类似”这个问题，其实也是在向对方传达“我是这样理解你这段话的”这一信息。

田口蓝迪的回答也很干脆：“因为我是他的书迷。”这就等于在说：“你说对了。”虽然没有论及教育小说，但引导出来对方的回应“因为我是他的书迷”，正代表完全认同。对于提出问题的人来说，对方说出“因为我是他的书迷”，便会有一股成就感：“这个人果然受到这种世界的强烈影响。”这样的问题是一个赌注，也许会有猜错的可能性，但如果猜对了就将获益良多。

“这件事和这件事类似吧？”这样具体的提问方法，是为了将不同的材料引入与当前的语境进行连结，所以和已经下结论的“这件事其实指的就是这个吧？”的发问方式稍微不同。**从外部引导进来的材料，如果是对方经历里既有的东西，对方就会产生“你是了解我的”的感觉**。

3 高水平的“附和技巧”

从对方的谈话中寻找关键词

作家村上春树和河合隼雄的对谈集《村上春树去见河合隼雄》当中也可以看到高深的附和技巧。

村上：在“关系”当中，有各式各样的形式吗？

河合：是啊。在西方，无论如何都要把浪漫爱情这种东西拿来当作基础。可是浪漫爱情这东西是无法长久的。如果想要浪漫爱情长久的话，就不能有性关系。一面拥有性关系一面让浪漫爱情永久持续，我认为这是不可能的事。如果想维系夫妻关系，不进入另一种层次是不行的。

村上：只是，这性的关系也有一种治愈作用吧。可是，从某个时间点开始，就必须转变成另一种形式的治愈才行……这时候就有必要去挖井了。

河合：是啊。年轻时性的关系相当重要，虽然它有治愈作用，可是光有这个已经不够了。

村上：在这个时间点不能转移去挖井的人，就会转而寻找其他的对象来寻求性治疗吗？

河合根据夫妻关系，谈论道："一面拥有性关系一面让浪漫爱情永久持续，我认为这是不可能的事。如果想维系夫妻关系，不进入另一种层次是不行的。"这时村上春树则说："性的关系也有一种治愈作用吧。可是，从某个时间点开始，就必须转变成另一种形式的治愈才行……"紧接着又说："这时候就有必要去挖井了。"

实际上这个对谈之前，河合隼雄对村上春树《奇鸟行状录》中提到的日本人追求个人主义的方式，就是用"跑进井里"来形容的。村上春树记得这件事，于是在谈论性关系的疗愈作用时，将"挖井"的比喻带进话题中。

比喻过当会有一种沉醉于言语的危机，恰如其分的使用则会传达给对方"你说的我很理解"的讯息。

这时候挖井所比喻的是精神作用。这个关键词是两人的共鸣之处。村上又说“这时候就有必要去挖井了”“在这个时间点不能转移去挖井的人，就会转而寻找其他的对象来寻求性治疗吗？”时，是将“挖井”的比喻当作关键词，咀嚼对方说的话之后再响应给对方。

在这个问题里，蕴含着“我将你说过的话以关键词沉淀过”的讯息。如此一来，对方接着要说的话，就会连结到他本身经历中关于“挖井”的关键语。

将对方说的话用比喻的方式来表达，即是将自己的和对方的话题融合的方式。也就是“用自己的关键词来说的话，应该是这么说吧”的一种交织方式的提问技巧。

讨好对方的“营造气氛技巧”

这里介绍一种稍微强迫式的附和技巧。

参见《谷川俊太郎33问续篇》里，谷川对作家高桥源一郎提出的问题。虽说这是附和技巧，但是在与对方的互动中，营造出了对方的某种气势,所以称之为“营造气氛技巧”更为贴切。

要营造气氛促使对方说得更多，就更需要技巧了。比如带对方去好吃的日本料理店或是相约喝酒，做一些讨好对方的行为等。至于在语言上如何营造气氛，可以依照对方的喜好提出问题。**不论是谁,对自己感兴趣的话题总是心情愉快地去交谈的。这就是营造气氛技巧的重点。**

谷川峻太郎在这里表现了营造气氛的高难度技巧。

谷川：如果先作一篇前言叫“如果心情很好”，我可以认为您心情很好吧？

高桥：应该心情很好，想必是。

谷川：拜托，您心情一定要好。

高桥：是。为了谷川先生，我心情会很好（笑）。

谷川：谢谢您。那么第一个问题是……

开门见山，从“如果先作一篇前言叫作‘如果心情很好’”的对话开始。又问“我可以认为您心情很好吧”，高桥源一郎回答：“应该心情很好，想必是。”这时谷川俊太郎趁胜追击说：“拜托，您心情一定要好。”高桥源一郎又回答：“为了谷川先生，我心情会很好。”最后进入“谢谢您。那么第一个问题是……”。

一般来说以上的对话是很少有的。“拜托，您心情一定要好。”“为了谷川先生，我心情会很好。”“谢谢您。那么第一个问题是……”以上的对话是不可能在一般的对话中产生的。

如果以附和技巧来说，这个技巧难度非常高。**它并非附和对方，而是让对方来附和自己。这个技巧如果弄巧成拙，就会招致自我意识过剩的误会，但是照他如此明确的表达，反而干净利落。**

利用肢体语言缩短距离

使用更加暴力性的肢体语言的是作家内田百闲。远藤周作主编的《说话高手，听话高手》一书中，描写了内田百闲和单口相声家古今亭志生的对谈。

从主题“深夜初见面”就可以知道他们两人是第一次见面。一开始内田百闲非常客套地打招呼:“我是内田，您好！”志生则回复道:“幸会。”接下来又是彬彬有礼地响应，“您好，工作辛苦了，师傅您的大名从以前到现在都没改变”。

差不多进入到第七八页时，“志生师傅，您怎么长得一副坏心眼的脸孔？简直就是……债主一样！”“我可是向别人借钱的人。”“借太多钱就会变得像债主那样的脸孔……”如此一来一往地交谈，一下子就缩短了彼此的距离，从而第一次见面就能让人以为两个人是旧识、意气相投的关系。

两人的对话并没有到此结束。志生说:“上野的今之广小路一直往上走，那里有凯旋门，东乡先生、大山先生、乃木先生开车一直往上……”话没说完，百闲马上吐槽:“您骗谁啊？”志生更正说“是马车”，百闲又吐槽他:“是人力车吧！”等等。

之后，志生提到自己家住在派出所附近时，百闲又说:“住在派出所附近的几乎都是不良少年。（笑）师傅您一脸醉像，其实根本没醉，倒酒……喝吧！”然后不断地劝酒。

这时候百闲又说:“志生先生啊!我们握个手吧!老头子,不错嘛!”这时候志生回答:“大家都是老头子啦!上了年纪啊……(笑)”百闲说:“您不是只大我一岁吗?”志生:“才差一岁,没差啦!”百闲又说:“智慧可差多哩!一年可是很重要的。”如此对谈下来。

最后,百闲又说:“老头子!您的心情真是好极了。”志生回说:“我蛮有女人缘的!(笑)”百闲又顶他:“您敢讲,我不敢听呢!”就此结束了开心又诙谐的对话。

在这短短的12页的对谈里,他们由于酒精作祟,对话从一开始的客套迅速崩解到最后,仿佛是很久以前就认识的朋友,真是颇为耐人寻味。

将这个对谈当作教材来看,是非常有趣的材料,**尤其花心思阅读初次见面的两个人如何发展对话,是非常具有参考价值的**。开端由客套话开始,然后在某处设下一个笑点,如果这个笑点博得了对方的欢心,就会继续向对方进攻。

百闲在每次取得一个笑点时,就得意忘形地增加幅度。在这里他所使用的是喝酒喝到茫的肢体语言技巧,利用缓和情绪一股脑地进攻,最后以称呼对方为“老头子”做结束。

内田百闲所表现的豪爽及某种老练在此可见一斑。我想,也许百闲并不想进行客气生疏的对谈,他期待的是拉近彼此的距离、坦诚相见的对话,所以他强迫性地拉近对方和自己的距离感并定出适当的间隔。

这和谷川俊太郎的“拜托，您心情一定要好”的例子一样，与对方的距离适当或是步调一致，便可以达到这样的效果。

“只是随便问问而已”，有时也有必要

“只是随便问问而已”，是自己不想问，对方也不想回答的领域。乍看之下，这是个毫无意义的问题。事实上这种领域也有它的功能。来看看同样是远藤周作主编的《说话高手，听话高手》中，作家司马辽太郎和山崎正和的对谈。

司马说道：“所谓城市，太过刚强或是虚伪都不好，一定要有适当的、社会共有的接触方法。‘上哪去啊？’‘出去一下’，这种话是很有必要的。就这类事来说，京都具备了作为城市该有的条件。”

司马想要说的是，**“上哪去啊？”“出去一下”这类是没什么意义的对话，却是人际关系中必要的润滑剂**。例如在大楼的电梯里，两个不认识的人单独相处时，难免有一丝丝尴尬的气氛，这时候有人先开口说：“14层楼的景色不错吧？”对方也许会回答：“是啊！不过风比较大。”就可以缓和彼此间不自然的气氛。

这是为了保持适当距离感所必需的对话，所以不需要很具体的回应。具体的回应反而会让对方错愕，但是什么都不问则显得冷淡。

有时候与他人的互动时，需要一段简短、轻描淡写又无意义的互动,例如问候他人“最近好吗？”或是“最近过得怎样？”这和“How are you?”是一样的礼节。

教英文会话的老师曾如此问过，当时我身体的确不舒服，所以正当开始详细述说时，他则告诉我“只要回答‘Fine, thank you, and you?’就可以”，认真地回答说不定会造成对方的困扰。

这类问题只是“随便问问而已”，不能将其视为愚笨又无意义的问题。

4 从对方身上学习的“附和技巧”

随机应变：根据对方的变化发问

有一种问题是附和对方然后针对本质提出问题，或是变化地提出问题。**从对方身上所发生的变化发表感想，答案大多很丰富**。

如果你问“你自认为是什么样的人？”“你最想做什么？”被问到的人可能一时之间答不出来。但是换个方法问：“你现在之所以会做这样的事，是因为在某一个地方产生变化，或是在哪里认识了谁而产生变化吗？”对方多半会说：“被你这么一问……”而说出具体的内容。况且被问到的人往往认为那个变化对他而言是重大经历，所以会积极地说出来，这是一般常理。

举一个例子，是被喻为日本职业棒球选手界金头脑的古田敦也捕手和本身也爱玩棒球的电影导演周防正行的对谈。《古田式》这本书是周防从古田身上探讨新手无法得知的专业技巧的对话集。

首先，一开始周防的问题就很高明。

“刚刚古田先生谈到打棒球有诀窍，我想在您的击球生涯中总会有几个瞬间对您产生了戏剧性的改变，最开始是因为什么呢？”

这个问题也可以应用到其他的很多例子中。

周防很清楚古田是在某段时间突然上到全垒打，然后击球能力有了明显进步。就算他不知道，也可以用这个问题提问。专业加上名人，想必在某个时期一定经历了戏剧性的变化和蜕变。

所以他提出：“我想在您的击球生涯中总会有几个瞬间对您产生了戏剧性的改变，最开始是因为什么呢？”这个问题也可以用在完全不熟悉的对象身上，特别是对于出类拔萃的人物，询问他进步的秘诀时会很有用。

针对变化谈论非常容易着手，只要让对方自己比较变化前和变化后的不同即可。周防想要的情报是古田能够谈论自己在学习技术前和学习后的不同。

只要提出对比两者之间的差异的问题，大部分人都愿意积极谈论。我也经常使用这个方法，上课时让学生做比较，然后几乎都会成功。

例如，给学生看用餐的照片，然后问："大家，这是什么照片？哪里有趣？"结果没有得到热烈反应。但是再拿出一张有民族特色的饮食照片放在旁边，然后再问："比较这两张照片，它们之间有什么差别？把重点提出来。"一下子就能引起大家的热烈讨论。**只有单独一种事物无法激发出什么火花，但是两个事物做比较，就会发现更多的结果。**

面对周防的问题，古田灵光的头脑绝不会敷衍回答，所以对于几时、什么动机下，全部会诚实作答。

古田：大学的时候，有一位学长去乐天队的练习营实习，当时是中西太先生指导击球。这时候中西先生说"要打球的外侧"。当然这只是印象，并没有那种感觉，因为我们从前所接受的教育是"打球的内侧"。

周防：那是说不打球的前面、靠近自己的部分，而是打离自己远的球的那侧意思吗？

古田：事实上是不可能打得到的喔！但是从以前到现在只看得见球内侧的一半。这很难用语言来形容，将棒球杆对着球的内侧，从内侧挥棒而出就是所谓的"INSIDE OUT打法"，这是基本也是理所当然的打法。所以说要"打外侧”，当然实际上是不可能做到的。

（中略）

当我掌握这个诀窍时，球的飞行距离就改变了。例如，球从外侧飞进时，以前的话会对准二垒手的头，从球的内侧打击出去。如果打得好，就能成为超越二垒落在右野手之前的安打。不过受到右弯球的变化球的影响，力道不够的右野高飞球也很容易犯规。后来想象打击外侧的画面，再挥棒击出便击中了。之后右外野手也能跑打出全垒打。使劲挥棒，便可顺利击出，超过右外野。

古田充满热情地述说他大学时代接受中西太先生的指导后，靠着“打击球的外侧”练习，结果球的飞行距离明显地拉长。不过，最近再碰见古田时，他却说：“我不记得有说过这些话。”这是一个有趣的插曲。

重点在于人们总是喜欢述说自己戏剧性变化的事迹。变化的瞬间是他一生的转折点，也花费他不少精力。针对这一点提问，能激起对方的热情。

专业人士特地拨出时间接受访问时，如果只问私生活的细节是很失礼的事。针对他人真正的厉害之处直接切入重点发问，才是应有的礼貌。

周防是以“戏剧性变化”当作问题，但也可以询问相关诀窍。

“有什么样的诀窍呢？”“怎么掌握那个诀窍的？”类似的问题一定能讨对方欢心。当然不愿透漏秘密的人又另当别论。

并且根据具体的诀窍谈论的话，话题不容易松散，更容易产生对话。不要以“某某粉丝”的态度提问,而是用“诀窍”方式，对那个人的辛苦及热情进行提问，对方就会像水龙头里流出来的水一样，源源不断地叙述。

关于《发出声音念日语》这本书，我经常被问:“您认为这本书会卖得很好吗？”一开始水压很高,渐渐地越来越低，虽然自己也意识到必须发奋图强提高水压，但是碰到对方提出的劣质问题，即使我单方面提高水压也是枉然。

而针对我最辛苦的重点提问的话，又另当别论。那会使我的内部水压忽然高涨，说出大量信息。

技术是一项非常具体的重点，也代表重视当事者的专业能力。但是社会上喜欢问非本质性问题的人占了多数。

获颁诺贝尔化学奖的田中耕一先生就碰到过这样的问题。虽然田中先生是因为化学的技术能力得到诺贝尔奖，但是不论是电视还是杂志的采访，焦点全部都放在田中先生的私生活和他的性格上面。相信田中先生本人也相当困惑。

对于这样的人才应该询问他更具本质性的问题，何况提出的问题并不着眼于他的专业。**如果询问他有关他灵感闪过或是付出心血的关键时刻，以他的才智一定会清楚地说明。**

如果有更多的人抓住提问的诀窍，相信社会就会对田中为何能够拿到诺贝尔奖有更深一层的认识。

去年曾经说过那些话，现在如何？

再来看看古田捕手面对的周防的问题。

“去年在美日棒球比赛和古田先生见面时，您提到‘我的棒球手套很大’，这是不是也是技术革新的一部分？”

这是个高超的提问技巧。首先他记得去年说过的话。当去年所说的话再一次被提出来时，等于是传达给对方“我非常尊敬您，您所说的每一句话都不曾遗漏”这一讯息。

这一点促使对方更加起劲。对于古田“我的棒球手套很大”，周防也可以听过就忘，但是他保留这个信息一年，在此刻第一次提出。

尤其是在这个问题之前，古田说过：“职业棒球手最重要的是将好的成绩留下来,因此需要技术革新。”听到“需要技术革新”这句话，立刻将去年听到的话连结起来，是相当高明的，而不是只平凡无奇地问：“去年说过的手套的故事，现在如何了？”

也许周防从以前就很想提出“古田订做大手套的理由是什么”的问题。但是聪明的周防不会贸然地直接问，而是在古田说出“需要技术革新”之后马上提问。

两人现在正在谈论的是技术革新的话题。不单是沿着古田过去到现在累积的经验、关于尝试过许多捕手手套，换成较大手套的过程也被提到了，甚至两人去年见面时的语境也被融合在了里面。

也就是说，三个不同时间点通过一个问题结合起来时，得到的答案也相当深奥。

因为古田非常想探讨技术革新的话题，所以周防便适时地提出问题，并且举出具体的例子。这个具体的例子是古田花了很多时间和心思研究的结果，很自然地便得到古田滔滔不绝地叙述。

古田：刚进入球队的时候，我一直估算到底可以操作多大的手套？结果做了一个颇为惊人的大手套。

周防：是订做吗？您真是有创意。

古田：是，后来我意外发现它是可以接球的。抓球没问题。可以涵盖宽广的范围。例如来了一个触地球，通常我们会用身体去挡，但是大手套就可以一次抓到球。这个和一垒手用的手套的要领一样。问题是投球的时候。不是自己的手掌所抓到的球，就感觉不出球在手套的哪一个部位。就像球拍的最佳击球点（Sweet Spot）的位置，原来希望以那个位置抓到球，但是手套太大的关系，不是每次都能进入那个位置。

最伤脑筋的是阻止盗垒的时候，跑垒者一开始跑时，我只有零点几秒的时间将球投出去。根本没有多余时间重新捏好球。那么是否能用大型手套接球呢？这样的话，肯定没有时间去找球的位置。我于是想到，只有在在奔跑的时候，用掌心抓到球就好了。如果可以解决这个问题，大型手套的优点就会比较多。如今，东京养乐多燕子队选手的手套都改成了大型的。

古田打破了一般的常识。他实验了捕手可以操作多大的手套。虽然大型的捕手手套容易抓到变化球和触地球，但是盗垒时会比较缓慢。当寻找球在手套的哪个位置时，早已经被盗垒成功。决定胜负的就是冲向垒包的零点几秒而已。

于是古田就想："在他跑出去时用手掌抓好。如果可以解决这个问题，大型手套的优点就会比较多。如今，东京养乐多燕子队选手的手套都改成了大型的。"当他这么说时，周防响应说："他从头到尾用自己的头脑思考，并且实验。"

成功的地方在于引导出古田说出他苦费心思的重点。

古田很聪明，能够将他如何克服大型手套的缺点说出来。如果今天只是平淡地问他："古田的手套真大啊！"顶多他只是回答："是啊！很大啊！"可能就这样结束了对话。若是问："技术革新开展得如何了？"他可能就会回答："我试了各种方法啊！"就此结束。或者回答："我尝试过许多方式，是大型手套的可行性高，比较便利，于是大家都这样做。"也有可能以这样的对谈方式结束。

古田虽然很仔细地回答，假设今天他只说到上述的内容，应该问什么样的问题呢？换成我的话会这么说。

“不过以前从没有人使用大型手套，想必大型手套有它难以避免的缺点，您是如何克服这个缺点呢？”

换句话说，我的问题重点是大手套一定有弱点，那么要如何克服？

如果单纯地问：“缺点是什么？”或许对方会回答：“大型手套在盗垒时比较棘手，忙着掌握球在掌中的位置浪费了时间，从而会被盗垒成功。”那么对话就此结束也说不定。

若是说：“您想过办法克服这个缺点吗？”他就会回答：“优点是这样的，但是也有这样的缺点，所以做了这样的功夫。”古田先生透露出这样的讯息时，便可以明白“古田是真正用智慧在打棒球呢”。

大家都认为打棒球的人都是头脑简单的人，《古田式》这本书的目标是想传达给社会大众“棒球打得好的人，头脑一定好”。借由这本书告诉大家，真正棒球打得好的人懂得凝聚智慧、发挥创意，打棒球是需要用智慧的游戏。

书的出版目的清楚明确，所以朝向终点照顺序提出问题，便可以确实到达目的地。不见得每个人都会像古田这样仔细地述说，**但像这样通过一个一个问题探讨下去，便能问出对方真**

正花功夫的重点。

这是遵循着周防导演和古田敦也的经验的书籍。《古田式》是关于古田的做法的书，所以事先了解对方的事情是提问者的基本功课。周防导演也熟知了关于古田的一切。

不过，有时候也有专业的采访者在没有做功课的情况下直接访问对方的例子。若对着职业棒球选手问棒球的规则，很明显是那种连基本的棒球知识都不知道的人才会提出来的。连我都能代为解答的问题去问职业棒球选手，真令人不忍目睹。真正的尊重是，应该提出只有专家才能回答的问题。

因此，事先做功课是很重要的。日本的体育节目中在我这样热爱体育的人看来，有太多无意义的问题。最近随着体育记者增多，体育节目的质量也有所提高，但是在这以前可是相当糟糕呢。**是否有“提问能力”在于够不够用功。缺乏对方的相关信息是无法提出优质问题的。**

例如，最近我与美轮明宏进行对谈。当时我已阅读了美轮明宏的书，所以很容易提出具体的问题，例如“会出现紫色的幽灵，当时紫色是什么样的印象？”“因为那个时候没有人穿这个颜色，是我自己染上颜色的。”以这样的话题展开。如果先仔细了解对方的经历，提问的幅度就会很广。

《古田式》对话录的效果在于事前充分了解对方。关于如何学习附和对方的同时提出本质的问题，这是一本好的教材。

5 “本质兼具专业”的提问技巧

尊重对方专业性的提问能力

要尽可能地尊重对方的专业知识，尤其对象是专业人士时。事先了解该方面的知识，再根据这些资料提出问题。在此举一个例子。

法国文学学者兼电影评论家的莲实重彦有一本著作《与光辉相逢——电影采访集》。它收集了莲实连续采访国外优秀电影导演的内容。书中出现的问题水平相当高，所得到的回答也具有惊人的专业水准。这书让人感动之处在于电影导演的工作竟然如此让人敬佩。

如果没有像莲实一样熟知电影界、事先预习导演的工作、也具备相当程度的知识的话，就无法提出优质的问题。他几乎不会问那种任何人都会提出的问题，所以如果采访得不好，几乎就问不出个所以然。再加上如果碰到孤僻的电影导演，肯定是一句话也不会透露。

由于莲实作为采访者也有一定的专业水平，所以接受访问的导演的回答的水平也跟着改变。对于读者而言，从书中能够接触到电影导演创作上重要的秘密或是制作秘诀，这是一个非常有意义的采访。

这里举出一个采访例子。希腊导演西奥·安哲罗普洛斯（Theo Angelopoulos）的受访记录。

每一个问题都很棒。例如在安哲罗普洛斯导演对于现今社会发表了悲观的见解之后，莲实的问题令人觉得非常精彩。

“不过，虽然你的见解是从悲观出发，但是只要看你的作品，会发现你本身并不同意自己的见解。”

他肯定地说，“会发现你本身并不同意自己的见解”，这是很犀利的问题。别人是否也会提出这样的问题呢？

由于在这问题之前，安哲罗普洛斯导演陈述了孤立感和孤独感。“以前，电影是救赎的、解决问题的，也可能引起斗争，但是现在就如同漂浮在海中的瓶子一样的绝望。”于是莲实回应他：“不过，电影创作者之所以可以创作真正的作品，就是因为在如此毫无希望的时代中才做得到，不是吗？”

相信受访者的内心应该激动不已吧？当自己说完“绝望”时，别人却告诉他“就是因为在如此毫无希望的时代中，才能促使真正的电影创作者创造出佳作来”，自己也不禁赞叹“嗯……”。加上刚刚已经下结论的问题——“你本身并不同意自己的见解”，就变成了“到底是怎样的呢？”的问法。结果安哲罗普洛斯的回答是“当然不同意”。

这段对话充满紧张的气氛。正因为莲实对于安哲罗普洛斯的电影有着深入的了解，才能提出如此大胆的问题。当莲实说“你本身并不同意自己的见解”，就展现了他高水平的提问能力，也呈现了他具有能够断定对方所思考的事情的能力。

接下来的问题也很有趣。

“刚刚你说到题材的变化是团体到个人的转移，那也会呈现在镜头里吧。在诉说希腊现代史的三部作品里头，使用大量的圆形运作的长拍摄方式，一个镜头只使用一次，但是《雾中风景》一片中，个人生活三部作品中（中略）最后则出现了特写镜头！”

这是个有专业性的问题。

也就是说，该句话的意思是“题材从团体转移到个人的变化，也会呈现在镜头里”。主题或是题材和镜头不见得要相互关联，但是发问的看法却是：实际上还是有关联，不是吗？对电影导演来说，这当然是个有意思的重点。

可见得莲实是在确信有连带关系后才敢如此发问的。“因为镜头的移动确实有变化，最初的三部作品是利用一个镜头只使用一次的方式长时间地拍摄，后面的三部作品则是较多地换景。加上之前未曾考虑过的特写都出现了，不是吗？”莲实提出具体的例子进行发问。

电影导演发现自己的作品被仔细地观察，回答的内容自然不会敷衍。于是他关于拍摄时的具体情况——“那个场面是这样运作的，这可是花了相当的精力”之类的话，对于热爱电影的人来说非常宝贵。

例如，其中一个特写镜头是一位哭泣的少年望着死在广场的马。安哲罗普洛斯便说明了拍摄时的实际情况：“眼前倒下的马，一定要横躺在结冻的地面上，在那种寒冷的气温中想必会真的死去（笑），所以不得已的情况下，实际是将这个场景分为三个画面，再将镜头移到少年身上。”

这时候，莲实又问：“那广场上的雪景是真的吗？”这看似是不起眼的问题，但实际上并不是。**一般人看到那样的雪景，只会认为是真正的雪。假如非常清楚电影的运作方式，就会知道电影中其实可以不用真实物品。**

例如，黑泽明的《罗生门》有一场暴雨画面，由于在黑白电影画面上洒上普通的水也看不出暴雨，所以据说黑泽明在水中混入了墨汁。把雨水染黑再喷流出来就形成了暴雨，这段幕后作业刊载于《异说——黑泽明》。莲实之所以提出“那广场上的雪景是真的吗？”估计是基于他早已有这种基础知识的缘故。接下来是这样的对话。

莲实：那广场上的雪景是真的吗？

安哲罗普洛斯：那确实是真正的雪。不过它不是当天下的雪。因为当地是不下雪的，我们特地使用60台大货车从有雪的山岳地带运过来的。（笑）

莲实：有60台！

安哲罗普洛斯：然后有30个人将雪铺在广场上。

莲实：那么一大半的经费随着这60台的大货车消失啰！（笑）

安哲罗普洛斯：我的电影一直是这样拍摄的。昨天我也对很年轻的电影审查员乔治·梅拉说，“只要气候不符合我的要求，就算经过一个月，我也不会运作我的摄影机。像拍摄《塞瑟岛之旅》时，在外景地拍摄的那一个月当中，几乎都是万里无云的，但是我需要的是阴天，所以我交代要等待天气恶化，不过那位澳洲导演好像没把我的话当真。如果是像一定要真正的雪景这样的条件，就算用大货车来运，我也要办到才满意。乔治·梅拉说他不是我的制作人，感到很幸福！（笑）”

确实是真的雪。但是令人瞠目结舌的是，竟然利用60台大货车从下雪的山岳地带运来拍摄现场。即使是莲实也不禁要大呼：“有60台！”能够引起提问者如此地惊讶的反应，可见得这是收获很多的好问题。

超乎莲实预料之外的，是得知了导演幕后的组织和辛苦。如果没有提出这个问题，安哲罗普洛斯想必不会说出这一段内幕。

“只要气候不符合我的要求，就算经过一个月，我也不会运作我的摄影机”，这句话着实有魄力。安哲罗普洛斯说他为了阴天等了一个月。这个光是看电影画面也不见得看得出来，有的观众甚至不会注意到“阴天”的状态。

导演说：“我的电影一直是这样拍摄的。”身为读者的我也可以深深体会，“为了要拍摄这部美丽的电影，竟然花了这么大的功夫，这就是文化的差异，和电视连续剧是不一样的”。

我看了安哲罗普洛斯导演拍的《雾中风景》不只是感动，而是在心中留下很深的印象。这段精彩的采访揭露出专业的高水平，便是专业性兼具知性的提问。

看似平凡却抓住本质的提问能力

这里再为大家介绍另一项坐标轴。

以专业和平凡为y轴，本质和非本质为x轴。莲实对于安哲

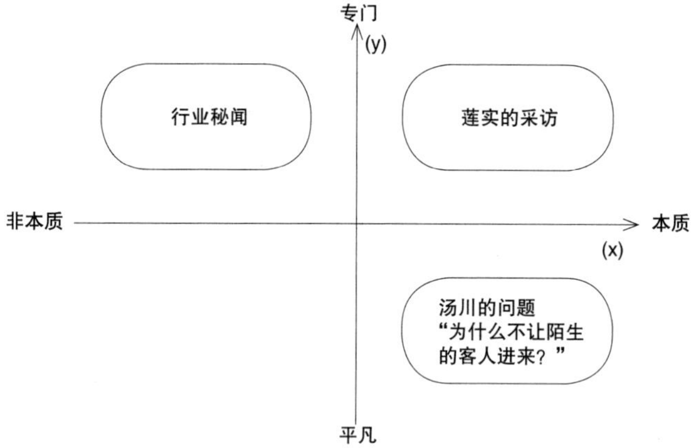

罗普洛斯导演的问题是高度专业的采访，加上直接抓住本质的观点所做的具体提问。

虽说是专业，但是也有和作品的性质没有多大关联的非本质问题（左上领域）。也就是说，局外人不懂的话、内幕、行业秘密等，虽然是属于专业领域，但是和作品本身并没有很大的关系，所以是非本质的问题。

有时候也会有平凡却是本质的问题（右下领域）。**尤其是孩童所提出的问题当中也有连成人都不敢深入探讨的本质性问题。**就像“国王的新衣”一样，虽不是问题，却是平凡又切入本质的发言。

以这个主题为例子，介绍《说话高手听话高手》中作家司马辽太郎讲述的汤川秀树博士的小故事。

司马：汤川秀树先生曾经向高台寺旁边的一家名店叫外卖当下酒菜。汤川先生是那种不论对谁都可以像少年一样提问的人。像是对店里的老板娘问："京都的结账为何那么晚？"答："因为还不到三个月是不会送账单来的。"接着又问："为何不让陌生的客人进来？只要他肯付现金，就算是第一次上门又有什么关系？"老板娘很清楚地回答："因为负责外卖的人账单还没收回来，卖炭商人的账单也没有送来，还有其他的账单也还没送来，所以结账就结得晚。因此，就算我要跟第一次上门的客人收钱，也无从收起。"

司马说："以前和汤川秀树一起喝过酒，他对谁都会像少年般的提出疑问。"所谓"少年般的问题"指的不是文不对题，而是虽然平凡却深入本质的问题。

汤川问店里的老板娘："京都的结账为何那么晚？"又加上一个："为何不让陌生的客人进来？"汤川的疑问是只要肯付现金，就算是第一次上门又有什么关系？

老板娘的回答很清楚："因为负责外卖的人账单还没收回来、卖炭商人的账单也没有送来，还有其他的账单也还没送来，所以结账就结得晚。因此，就算我要跟第一次上门的客人收钱，也无从收起。"京都的买卖结构就是这样。

这个回答让人觉得似懂非懂，重点是因为所有的结账都慢，所以演变到先吃饭后付款，只让有信用的人赊帐，这个系统才能发挥有效功能。

去京都的人也会有“为何不让陌生的客人进来”的疑问。世故的人通常问不出的问题，汤川却不以为意地发问。这是一个关于京都的经济结构的本质性的问题。因此汤川这个问题属于平凡又本质的领域，可说是和“孩子的领域”稍微不同的“少年提问领域”。

提高“提问能力”的根本在于要事先预习相关资料，**除了附和对方的专业性以外，提问者还需加快自己的步调，再提出问题。**

日本人倾向于提出平凡的问题，但那是不正确的。原则上，具备充分的知识再加上精准的问题才是优质的提问。

第四章

沟通的秘诀——② 转移话题技巧

1 附和对方并转移话题的技巧

整理对方的话

转移技巧各式各样，首先来看附和对方并转移话题的技巧。

《德川梦声的问答有用》是配音员德川梦声与历代总理大臣，从吉田茂、鸠山一郎、池田勇人、佐藤荣作、田中角荣，到正力松太郎、小林一三等各行业的专家及政治家、文化人的对谈集，内容相当有趣。

从这本书中可以选出一则值得参考的对谈例子，即德川梦声与冈本太郎的对谈——“艺术的爆发性”。

冈本太郎是一个用直觉来发表看法的人。他说“越难看的画越好”或是“画难看的画”。如果了解他的为人，自然可以明

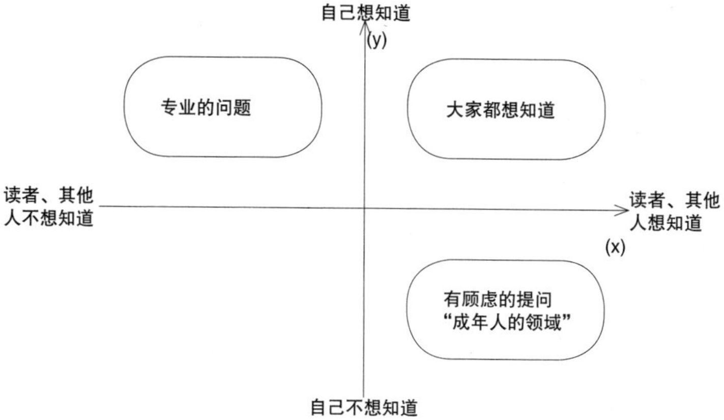

白他想传达的讯息是“如果依照社会的眼光去画出好看的画，那就绝对画不出什么有创意的作品”。但是梦声的疑问是，对于一般人来说，听到“画难看的画”这句话时，一定会诠释为“那随便画画就可以吧”。

事实上梦声充分明白冈本的意思，只是他担心看到这个对谈的人会不会误解。

这里再做一个坐标轴如上图。

y 轴表示自己想知道的事，x 轴表示读者或是其他听众想知道的事。演讲属于右上的领域，是自己想知道、其他人也想知道的好问题。左上区域是自己想知道、其他人不想知道的事。这种问题会给周围的人带来困扰。

右下区域的问题是虽然自己很清楚，但是他人也很想知道的贴心问题。这个“成年人领域”的问题恰当与否，决定了你与他人的谈话是否成功。德川梦声以“成年人领域”的问题面对冈本太郎。

梦声：精彩的画和难看的画，当然要选择精彩的画。

冈本：绝对没有那种硬性规定。（笑）

梦声：不，我指的是从你的标准来看，什么是精彩的画和难看的画。

冈本：我的标准也是如此啊！譬如人们认为画得很精巧的画是一幅精彩的好画，但有一种画所呈现的是前后矛盾、极具魄力的作品，这也值得被称作是精彩的作品啊。

梦声：那么，我们先不说是精彩的画和难看的画，就用好的画和不好的画来说明吧！这个画应该是好画吧。

冈本：当然。

梦声：如果说难看的画是好作品，但在里面也有不好的画吧。

冈本：那一定会有，这是当然的。

梦声：这么说难看的画是好作品的说法，是你想表达希望大家要画出自己想画的画，而不要受到其他因素的约束，是吗？

冈本：总而言之，说越难看的画才越是好作品的话，大家才有勇气拿起笔来画吧！最重要的是促使大家积极地画画。

冈本说："叫大家画难看的画，是因为许多人认为既然要画就一定要画得很专业，长大成人之后，就渐渐地画不出想要画的东西了。对于这些人，我所要强调的是，只要自由、简单、像孩童时期随意地画图就可以了。"

梦声接着整理"精彩""难看"等说法。他问冈本："精彩的画和难看的画，当然要选择精彩的画。"冈本回答："绝对没有那种硬性的规定。"

接着梦声改变看法："我指的是从你的标准来看，什么是精彩的画和难看的画。"冈本又回答："我的标准也是如此啊！"于是梦声开始转移："那么，我们先不说是精彩的画和难看的画，就以好的画和不好的画来说明吧！这个画应该是好画吧。"

冈本一回答说"当然"时，梦声再接着追问道：**"如果说难看的画是好作品，但在里面也有不好的画吧？"**冈本于是同意道："那一定会有，这是当然的。"

这里以坐标图来整理一下（见下页）。

一开始y轴是针对"精彩的""难看的"，x轴是"好的""坏的"。所谓"画出难看的画"的意思不是说"精彩的画是不好的"。精彩的佳作有可能属于右上的区域。真正糟糕又差劲的画中也有不好的画，也就是左下方区域。虽然是难看的画，但也有可能是好画，那是属于右下区域。冈本太郎的"难看的画"是属于右下方领域。

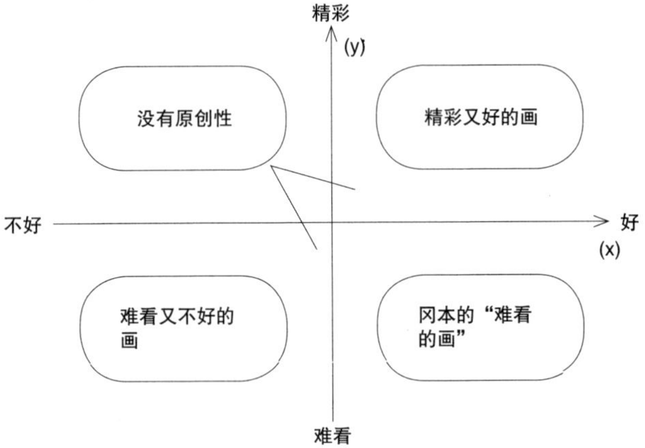

梦声一面说“再整理一下”，一面将这个结构整理出来。一开始，冈本虽然说过“就算画得很糟糕也没关系，什么都可以画”，但是透过与梦声之间的对话：“有好的画也有不好的画”“那当然”“好的画就是好啊”，从而逐渐整理出冈本真正的意思。

梦声仔细地整理对方所说的话，以避免一般人产生误解。**通过问题确认对方的真正想法，可以说是一面附和对方一面转移话题的方法。**

接下来就不再是“精彩的画”“难看的画”，而是转移到“好的画”“不好的画”。属于左上方领域的“虽然精彩却是劣作”，和右下领域的“尽管难看却是佳作”，右下领域的作品才是好作品，它们之间是不等号，冈本太郎要说的正是这个不等号。

经过梦声的整理之后，冈本太郎想说的信息就能更加清楚地传达给读者。否则社会大众说不定会对于冈本太郎产生“怪人”的印象，并扭曲他的本意，认定难看的画就是好画，不论怎么画都可以。经过整理，就可以降低读者对冈本的误会，这当中的判断就得靠整合性的操作。

梦声是为了读者才这样问的，他将对方跳跃性思考的部分通过提问整理出来，就是一种稍稍移动对方的框架，使其较容易理解的技巧。

“具体而言指的是什么样的事？”

当我们沿着话题展开谈话时，经常使用到的技巧是**“具体而言指的是什么样的事？”这种提问方式，这句疑问句在任何场面都可以使用。**

“换一个比较容易理解的说法”或是“请举一个具体的例子”的问法比较容易展开话题。在对话当中经常出现死角，这时候举出一个具体的例子，可以增加许多谈话材料。

举出一个实际例子，《多说谎！男与女与科学的愉快》中有一则动物行为学家日高敏隆和竹内久美子的对谈。

日高：所谓科学就是对事物的理解，这些事物直接在生活中或是工作上有所帮助。当它被应用到技术层面时，既有益处也有被滥用的可能。

在日语中有“科学技术”这个词，也有科学技术厅这个单位。用英文来说是“Science and Technology”，两者用和（and）连结。在日本则是结合为一个词，这将会造成大问题吧。

竹内：你觉得两个会混淆不清吗？

日高：我觉得会。所谓技术也就是Technology，并不是Technic（技巧），而是一门学问，目的是“制作”。科学的目的是“理解”，这是不一样的事情。

竹内：真是深奥！具体而言应该是什么样的事情？

首先，一开始日高将“科学技术”这个词提出的语境摆在前面，“用英文来说是Science and Technology，两者用and连结。在日本却将不一样的事物整合为一个词叫作科学技术，这会是大问题”。接着又说“技术不是技巧，而是一门学问，目的是‘制作’。科学的目的是‘理解’，这是不一样的事情”。

针对这一点竹内表示：“真是深奥！”**或许她是这方面的专家，所以会十分理解，但是为了读者，才会说出“真是深奥！”然后再继续问道：“具体而言应该是什么样的事情？”**于是日高陈述了模仿鸟儿飞向天空的故事。

日高：之前在大学的校园开放日里谈过“从鸟到飞机”

的话题。人类也想像鸟类一样飞翔在空中，所以自从达·芬奇之后画出了许多设计图，但是那些设计都是模仿鸟儿拍着翅膀飞上去的东西。

竹内：有很多从山崖坠落的纪录片呢。

日高：大家都飞不起来而往下坠。后来有人发现鸟的翅膀有独特的形状，于是做了同样的形状在空中挥动之后竟然可以飞上去。也就是说，翅膀的上侧形成压力是内部比外部低，由这负压力所吸收上来的动能产生效果，并产生从下方挤压上来的动能，这才了解升上来的原因。那么加上汽车的引擎来驱动翅膀，就可以轻盈地飘上去，于是发明了飞机。之后再不断地改良技术，正是科学技术不断发展，才成功造出了飞机。而另一方面，鸟是靠什么飞上天空的这个科学问题则完全被人们忽视了。

“大家都飞不起来而往下坠，但是注意到鸟的翅膀形状的人则在翅膀加上引擎之后发明了飞机。看似好像是学习鸟的飞行方式才发明了飞机，然而不一定是这样。这当中也有技术领先一步的部分。科学与技术之间有互补的作用。”在这里日高提出技术与科学虽然是彼此不同的学问，却又互相影响的例子。

单单一句“Technology 的目的是制作，科学的目的是理解”，相信一定让人一知半解。但是为了像鸟一样地飞翔，所以依靠技术努力发明了飞机，以及如果要知道鸟为何会飞就得依赖科学，虽然两者不完全一致，但如果说是利用技术开发出如何飞行，也就能理解“为何鸟会飞行”的道理了。

科学技术不是一种事物，而是分门别类的学问，鸟与飞机的关系以及飞机制作都是具体例子。竹内所提出“具体而言应该是怎样的？”从而引导出一个具体例子，如果没有这一段解释，这段话就会被视为抽象的故事而结束。这样一个具体的例子会更加让人易于理解，并在脑中留下深刻的印象。

“请举出具体的例子”这个问题，是一个不受场合限制、可以广泛应用的技巧。

2 转移话题的技巧：在具体与抽象的话题间反复

开门见山地提出本质性的问题

下面的例子看起来和具体例子是相反的做法，都是直接转移到本质性或是普遍性的话题。

当对话进行到一个程度，有时候会在原地打转而无法进入更深一层的境界，结果变成日常生活的聊天而结束。一般人在与程度较高的人交谈时，往往无法在本质的地方提出普遍性的问题，最终只能结束话题。

举一个处于具体例子，是直接转换到发问的。村上龙的对谈集《村上龙对谈集——生命中难以承受的骚莎舞》里，社会学家小熊英二有相当强势却技巧高明的转换。

小熊：我总觉得村上先生就像一个靠着自己的力量刮起风，让自己飞起来的风筝一样。虽然风筝上写着“龙”字（笑）。因为没有人给你刮风，所以你拼命地运转，靠自己扬起风漂浮在空中。只不过还附带着一条掌舵的尾巴，好让自己不要在原地打转。村上先生不断地寻找下一个题材，正是尾巴的责任。或许我的比喻很奇怪，请多包涵。

村上：哪里哪里，小熊先生果然擅长比喻，为何在论文里面没有用到这个方法？（笑）

小熊：接下来我想再请教一个关于风筝的事。最后风筝着地了吗？对你来说，究竟有没有可以安心居住的共同体呢？

小熊提到：“因为没有人给你刮风，所以你拼命地运转，靠自己扬起风漂浮在空中。只不过还附带着一条掌舵的尾巴，好让自己不要在原地打转。村上先生不断地寻找下一个题材，正是尾巴的责任。”他将村上的行事作风比作风筝。这种比喻不但容易了解又有趣，构成一幅非常具体的画面。

小熊接下来的问题则直接进入本质性的问题。他问：“想再请教一个关于风筝的事。最后风筝着地了吗？对你来说，究竟有没有可以安心居住的共同体呢？”这一句“究竟有没有可以安心居住的共同体呢？”是个直接深入核心的问题。让村上开始陷入沉思的状态。

村上突然进入沉思的状态，因为如此深入的问题使得他有必要这么做。“我倒没有什么喜欢的集体。我真的喜欢古巴吗？实际上是这样的吗？”

之前风筝的比喻是具体的，忽然就“关于风筝的事”丢给村上一个旋转飞翔的风筝，如果落地，是落在一个什么样的共同体上面的深奥问题，实际上他想问的是：“说了许多的意见，对村上而言的理想结局是什么？”

也许这是一个不该问的问题，因为不说穿它而表现在小说里才有趣味性，将那个答案以各种语句展现出来，正是村上龙写小说的做法。

这是一个很好的例子。**如此切入核心的问法，有时候在对谈中想要错开话题时将会很有趣，让人心跳加速。**这个发问让人措手不及：“怎么突然问起本质性的问题？不是才聊到风筝吗？”在这个时间点，将“关于风筝的事”带进话题的同时，再转移回到深刻的问题上。

只是，持续提出这种本质性的问题，谈话就会产生停滞。过于普遍就会渐渐习惯，到最后可能流于一种讨论人生的抽象言论。所以当有这种情况时，再回到具体的世界，话题变得过于随意时再回到本质性的讨论，如此一来就会形成螺旋状的谈话。

基本技巧是：如果话题过于抽象，就用“具体而言是如何？”来提问，当具体的话题过于冗长时，再提出本质性的主题。这样的切换是转移话题的诀窍。

3 将自己的经验融入话题

“请在适当的地方找出关联点”

之前说到将自己的经历或嗜好，来配合对方的经历或感兴趣的事物是沟通的基本条件。这里面包括将对方的话导入自己话题的技巧，尽管做得太过会出现自己唱独角戏的状况，但只要进行某种程度的引导就可以加深彼此的交流。

举一个例子，《恒温箱中的大人》中艺人兼电影导演的伊丹十三和心理学家岸田秀的对谈。

伊丹：呃……我想，因为在岸田先生的演讲里多次出现“幻想”这个字眼。那么就以说明幻想出发吧！当你解释幻想这个名词时，通常用什么样的例子说明？譬如说，这张桌子是不是幻想出来的。

岸田：这张桌子的存在并不是幻想啊。

伊丹：也就是说将木材以这种形式组装之后，表示物体本身的存在，假若在这桌子上放置某物，或是桌子的平面是上面，但是将桌子翻过来时，啊！认定它是颠倒的时候，代表了只不过是人们的脑海里把对于某一张桌子的幻想附在这个木制的物品上去观察它，是这个意思吗？

岸田：嗯，所谓幻想嘛……到底幻想应该是什么呢？（笑）

伊丹：那么我随意举例子好了，请你在适当的地方找出关联点吧！（笑）

岸田秀的关键词是“幻想”这个字眼。伊丹则是问他：“以说明幻想为出发点，当你解释幻想这个名词时，通常用什么样的例子说明？”

由于“幻想”这个词过于抽象，所以使用了先前提到的“回到具体例子”的技巧。然后伊丹继续问到：“譬如说，这张桌子是不是幻想出来的？只不过是脑海里把对于某一张桌子的幻想附在这个木制的物品上去观察它，不是吗？”

于是岸田开始思索：“嗯，所谓幻想嘛……到底幻想应该是什么呢？”虽然这是关键词，但无法简单地说明。

伊丹在脑海里试着找出对方的世界与自己的世界有关联的线索，于是他又说了一段有趣的话。

“我随意举例好了，请你在适当的地方找出关联点。我家的庭院是杂木林。有一次我移植了三棵松树进来，这时候我所看到的松树和往常不同……”他将话题忽然转到松树。

“和其他树不同的松树，就好像将文化界的明星加入到普通老百姓当中的感觉。因为我们所认识的松树或是画中的松树都被赋予了文化意义，只是贴附在普通松树上的附加意义，也就是说我们所看见的不是自然界的松树，而是幻想的松树。”伊丹说了上面这段话。

他提出个人经验——“我家的庭院是杂木林”，“和其他树不同的松树”，他想知道，“这个具体例子和岸田的幻想的抽象概念有没有吻合之处？”这是非常合适且技巧高明的例子。这使对方容易回答“那不是幻想”“那是幻想”的具体例子。

如果用“所谓幻想就是……一回事”来说明，相信听者也无法理解。或是岸田秀提出既有的例子，也会因为他本身是持有谈话素材的人，也许可以说得有条有理，却无法进入对方个人感兴趣的领域里。

于是伊丹为了让答案更容易理解，把对方的关键词拉到自己的经历里进行对谈。

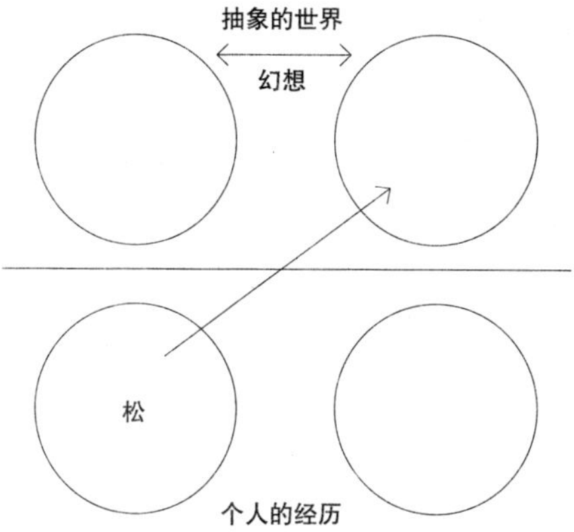

以图来说，上半部分是抽象的世界，下半部分是个人的经历。抽象度高的“幻想”字眼摆在上半部，松树是个人的经验，伊丹用的技巧正是斜线连结的地方。

伊丹的话都是问句的形式。提出具体的例子之后再问：“你觉得如何？”像他所说的，“我随意举例好了，请你在适当的地方找出关联点”，这种表达方式相当知性。

一般情况下是不会以这种表达方式说出的，而只是在内心里自问自答地推测：“这么说看看吧？”“这次猜对了吧？”“接着就这么问好了”。

伊丹是一个头脑灵活、反应快的人。他很明白地说：“这么做好了，我随意举例，如果毫无关联的话我就再举另一个例子，还是没有关联的时候，就再举出新的例子。我会一直举例，直到有关联为止。”他打算在对方的经历里面找到关联点之前不断地提问。一旦找到关联点，接下来的对谈就比较容易进行。

“提问能力”最重要的部分是努力找到关联的地方。有一次提问失败没关系，要毫不气馁地继续往下问。伊丹从容不迫地说出：“请你在适当的地方找出关联点”，不禁让读者觉得很有意思。

表明“有关于我个人的事情”

当要把对方的话带入自己的经验里谈话时，要注意一个重点：必须随时意识到“导入自己话题”这件事。这样一来，当对话出现疲乏时，可以再回到对方的经历上。如果忘了这一件事，话题会一直留在自己身上。以免造成对方“这个人会强迫性地把话题转移到自己身上”的误会。

先前，伊丹先表明“接下来这么做好了”。他清楚自己正在做的事，所以最后可以将主题再转回到对方身上。

再举一个这类有自觉性的例子，作家山田咏美在《Man at Work——山田咏美对谈集》一书中与作家水上勉的对谈。

山田：以前曾经和一个男子一起去海边的度假村，正准备进一间充满乡土气息的木造小屋时，从隔壁房间传来打字机的声音。在那种地方竟然可以听到旧式打字机的声音，顿时那个空间充满了小说的感觉，相当感动呢！和这个男子一起这件事反倒没有什么意思了。

水上：我先说说我个人的经验吧！听到打字的声音会激发我对性的向往。

山田：哈哈哈！为什么呢？

水上：我长期在京都府厅任职。从奈良女子大学或是御茶水大学毕业的女孩子，在20世纪初期都是担任打字员的工作。由于部长和课长都不会用打字机，会打字的她们就相当受宠。连午休时间也可以提早5分钟。课长会特地去告知她们午休时间到了，我们部门有一位长谷小姐，我像少年般的仰慕她。

山田描述以前曾经和某位男性去海边度假村，正要进一间充满乡土气息的木造小屋时，从隔壁房间传来打字的声音。

她说："在那种地方竟然可以听到旧式打字机的声音，顿时那个空间充满了小说的感觉，相当感动呢！和这个男子一起这件事反倒没有什么意思了。"

听到打字的声音，感受到小说般的世界，反而有点脱离了自己眼前的恋情的经验。这时候水上的反应令我相当欣赏。他先说："我先说说我个人的经历吧！听到打字的声音会激发我对性的向往。"然后描述他在京都府厅任职时，曾经爱慕一位女性打字员的事。

山田于是说:“感觉有一点情色呢，一听到打字的声音就想到性，就像巴甫洛夫的狗一样。”这时候水上就说了:“这只是我个人的经历，深印在记忆里的事物喔！说到文艺这可是不能遗漏的呢！”

我想这是沟通的一项诀窍，说话之前先表明“有关于我个人的事情”是很重要的事。在发表一段谈话之前先说:“现在要说的是我的人生中，和目前话题有交集的部分，如果听过了请包涵。”这也是在告诉对方，自己是有控制性的发言，不会话匣子一开就没完没了。

要说他这段话有什么关联的话，就是打字机的声音。而这个连结的方式非常有趣，是将山田的打字机声音和恋情连结到自己的经历来进行交谈。

如果说只是碰巧有那样的经验，那这段话就很无趣了。这不代表非要执着于打字机的话题，他要表达的是将打字机和恋爱经验这两个原本没有关联的事物结合成一个话题，他完全接受这其中产生的趣味性。

把对方的话引入到自己的世界并且结合为一，或是将自己的经验融合到对方的语境来进行谈话，像这样融合话题是对谈的基本技巧之一。水上有意识地采取“导入和结合技巧”，这是相当高明的技巧。

第五章

有创意的提问

1 丹尼尔·凯斯和宇多田光的共鸣

最终目标：激发对方灵感的提问

最后一章所要述说的是高水平的“提问能力”。我将以美国作家丹尼尔·凯斯（Daniel Keyes）、詹姆斯·里普顿（James Lipton），以及黑人作家亚历克斯·哈利（Alex Haley）等三人的对谈集为例。

当然在日本也有人提出高水平的问题，但这一次我将集中举出美国人优秀的提问例子。欧美人的“评论能力”或是“提问能力”普遍来说胜过日本人。如果可以理解其中一位优秀人士的“提问”水平，对读者而言也将是一个努力的目标。这三位优秀人士提出的问题的质量和日本人还是稍有不同的，这应该可以成为一种良性刺激。

这里所说的“高水平的提问能力”，若是笼统来定义，指的是在有限的时间里问出对方最具本质性的事迹。**尤其是出乎回答者预料之外，却能让他说出真实的答案，这样的问题最有创意**。

对提问者来说，这种问题没办法先准备好再拿来用，而是针对对话的内容加以刺激诱导，也就是被激发出来的问题。而激起和注入想象力都关系到灵感，能让灵感发挥作用的问题就是最能启发创意的问题。这是具备“提问能力”的最终目标。

表明立场以取得共鸣

一开始举的例子是歌手宇多田光和作家丹尼尔·凯斯两人在2000年1月号《文艺春秋》进行的对谈。

丹尼尔·凯斯因为著作《献给阿尔吉侬的花束》（*Flowers for Algernon*）和《24个比利》（*The Minds of Billy Milligan*）登上排行榜，而被日本人熟知。

宇多田光1983年出生于纽约，丹尼尔·凯斯则是1927年出生于纽约。会谈当时丹尼尔凯斯72岁，宇多田光16岁，这是一段年龄相差56岁的谈话。

两人用英语交谈，凯斯先说：“你也是在纽约出生吗？我也是！”然后宇多田光回答：“喔！是吗？”于是开始他们的交谈。

对谈当中，通常是丹尼尔·凯斯以发问推进谈话的发展。在简单的自我介绍之后，凯斯最先说的话是：“我们同样是纽约人，我想知道你是怎么开始创作音乐的？”

“你是怎么开始创作音乐的？”这是本质性的基本提问。但是**以一句“我们同样是纽约人”为前提，要比普通的“你是怎么开始创作音乐的？”来得有共鸣感**。在这一层同样在纽约长大的相同关系中，某种程度上来讲，有着对方可以说出更多信息的暗示。

宇多田光回答：“自己也不知道怎么……我的父母经常创作音乐，我也常常和他们一起待在录音室里，他们很支持我唱歌，不过自己偶尔也有不想主动唱歌、不是很有干劲的时候。然后渐渐地自己也开始想写写曲子，结果尝试之后觉得很喜欢，就持续到现在。”凯斯在听了她的回答之后又问：“那么关于作词方面，以同样是创作者的立场来问，你都是从什么地方得到灵感呢？”“同样是创作者的立场”也是一种限定。这里要的不是笼统的回答，而是在透露一种信息：“要探讨自己在专业上的秘密！”

凯斯很清楚提问者站在什么样的立场提问，会随着与对方的关联性，得到不同质量的答案。是针对个人的提问？还是同为美国人所发问的问题？或者同为同世代的人所提的问题？因发问者的立场不同，得到的答案也将有所不同。

像这样“身为……的立场来问”的习惯，是组织创意对话

非常重要的方法。

宇多田光回答：“我想是从每天的生活得到的吧。在日本有许多作曲家喜欢将抽象的事物编成曲子，我的概念来自轻音乐，像在写电影剧本一样，将情景用言语表达出来比较能看到整体。”凯斯：“我的小说创意来自我的梦。”他也说出自己的做法来响应宇多田光以表示礼貌。如果一味地询问对方，会有一种让对方说出秘密的狡猾感。

当然以一般市民的身份询问时，可以不用回答，但是既然说了以“创作者的身份发问”，就一定要将身为创作者如何得到灵感的心得也传达给对方，借此来寻求一种对等的关系。凯斯明白这一点。这是对于第一次见面，在短时间之内建立信赖关系时应该有的态度。

接下来凯斯又问：“写故事需要长时间，在作曲方面又如何呢？”也就是先提出自己的情况，然后问的是：“从自己来说要很长的时间，和作曲时间相比较的话呢？”

如果只是询问“作曲要多久时间？”相信回答必然是“要很长的时间”而已。但是提出一个比较对象的话，就可以得到比较具体的回答。

宇多田光回答：“最快的话半天，最长的纪录有一年左右。”半天是短的，一年是长的，她已经传达了最快和最慢的例子，也显示了回答者的诚实。

也许有人会回答，“看时间和场合！”这样的回答和“这很难说”一样，让人没有力气问下一个问题。或是“那可要花很长的时间呢”，这样的答案并没有意义。像宇多田光的回答应该很少才对。于是凯斯回答：“我明白！因为根据创意内容的不同对不对？”

这个对谈的整体流程是很顺畅的，例如宇多田光说到：“嗯……怎么讲？当自己作的曲子被称赞时，当然很高兴啊！我的父母也经常说‘啊！这曲子不错’‘真的太棒了！’但那只是更加膨胀的自信而已，事实上也有被批评的时候，造成截然不同的情绪，引发极大的不安。”这时候凯斯马上回问：“是这样吗？为什么？”宇多田光又接着回答：“当人家说‘啊！这曲子不错’时,我自己也会怀疑真的很好吗。我总认为应该是‘应该可以更好，那不是最好的’，受到称赞反而让我更加不安，如果有人提出不一样的批评，相信对我是有帮助的。”凯斯回应她：“我懂！我有相同的感受。”

针对对方所说的话提出“为什么”的疑问，针对对方的回答表示“我懂！”的回应步骤，是取得共鸣的基本做法。回应对方的回答说“是的，我能了解”，谈话就可以持续下去。

只要获得一个灵感就算成功

宇多田光也对凯斯提出问题。“你觉得在创作时，是一个孤独的过程吗？”这是直接贯穿本质的问题。她想知道，虽然有些创作活动是由团队来完成，但是创作终究不是孤单的过程。也许宇多田光虽然年纪轻，但是她却必须忍受时常和孤独为伍的煎熬。

这时候凯斯指着自己的脑袋说：“当然！因为全部都要在这里创作出来。”他又说：“有一部分的自己离开自己，看到了所有的一切，感觉到有另一个自己存在，那会导致多重人格。总之有一种分裂的感觉。”宇多田光一听，马上回答：“我也会有这种感觉！这可以编在曲子里！”

换句话说，宇多田光在这个地方得到一个灵感。作曲的时候，一部分的自己离开自己的身体，形成他人的人格。这个想法让她得到一个可以表现在曲子里的灵感。小小的启发，使这次的对谈充满意义。

只要获得一个灵感，就是一个成功的沟通。在会议的场合，经常得不到最后的结论或是决议，但是在一次的对话当中，只要出现一个可以激起自己的新创意或新的思考，就可称之为成功的会谈。这个对谈已经很有成效。

接下来凯斯的问题也很有趣。“对了，你还在上学吧，如果上课时突然闪过很棒的作曲灵感怎么办？”这是相当具体的问题，同时附和着对方的语境来提问。目前对方还在上学时期，和自己的环境不一样。宇多田光说出了独特的想法：“或许我会拿着手机到厕所去，在自己的语音信箱里录音下来”。

凯斯听了又笑着继续问：“这主意很棒！然而音乐家是如何编曲的呢？待会儿我会说写书的方法，你现在能不能告诉我你的方法？”这句话是这次对谈的主题。**丹尼尔·凯斯如此独特的发问，其用意在于对照作曲和写书的过程，来进行本质的对谈。**

他提到“待会儿我会说写书的方法”正是标准的美国式“Give and Take”的方式。不过也有那种单方面不断地问了再问的人。

说话者一开始或许会兴致勃勃地述说，在逐渐感到疲倦之后，就不禁会觉得光是不停地提供，所说的话到底有什么帮助？就好像丢一个石头到夜晚的大海一般，到底掉在哪里也不知道。由于有这样的状况发生，像凯斯这样的发问方式很值得参考。

宇多田光回答了作曲的方法：“OK！首先坐在键盘或是电子琴前面，然后开始弹。只是弹奏而已，在听到音质觉得‘这个音不错，很喜欢’，就去抓这个音感。这是很简单的作业，不会特地制作旋律。之后再开始填词。据说日本其他的音乐人都是先写歌词再谱曲。”

加深两人的共通理解以保持对等关系

再来看两人的对谈。

凯斯对于宇多田光的《I don't love you》的歌词表示：“这个大家都诠释过”。也就是说他认为宇多田光的歌词是大众经验的认知，他提出的问题是，“自己花了72年才找到答案，为何年纪轻轻的你能够理解到这种程度？”

宇多田光是这首歌的编曲人，想必其中有什么故事，凯斯这个问题很能深入到宇多田的心理层面。

实际上宇多田光的回答是：“因为我是独生女，周围都是成年人，一方面虽然我知道自己得好好照顾自己，另一方面我觉得没有人知道我的存在。我感到自己的确是在那里，但却是处于外侧。也因此在我的内心深处培养出‘两个观点’。”她根据自己活在世界上的方式或是作风来清楚明了地回答，不愧是聪明的人。

凯斯说：“我也是独生子。就连天才查理也是，他看得见自己的内心里有另一个人存在。查理就是《献给阿尔吉侬的花束》的主角。”

两人在这个地方，确立了“两个观点、两个自己”主题。一开始出现的多重人格是一个伏笔。所以在两人之间，用这句话作为关键词的默契已经形成，互相确定了将以这种方式继续延伸话题。

凯斯的问题有一点心理咨询的气氛。例如宇多田光说：“在日本身为一个有名的音乐人享受舞台灯光，回到了学校并没有人关心你的名气。虽然说服自己要习惯，却很难。而事实上‘又希望自己是个普通的小孩’，但那是不可能的事。”凯斯就问她：

“那么你怎么处理呢？”宇多田光说：“借音乐可以获得自由，但是被夺走的是可以在外面行走的自由。”凯斯又问：“关于这一点你现在如何看待？”宇多田光回答：“我到现在还是渴望同时做到两件事（笑）。我还是希望可以在外面自在地行走啊！如果做不到的话，没准就会对音乐感到厌烦。”

重复提问“为什么？”“要怎么做？”这种做法很接近心理咨询的感觉，他无非是想**接近对方的心理，分担对方心中最沉重的负担**。

另一方面宇多田光也提出很有意思的问题。

她根据凯斯所写的《24个比利》首先问道：“那是真实的故事吗？”这是一个非常基本的问题。凯斯回答：“没错！”宇多田光再问：“一开始就想写多重人格的故事吗？还是从一开始就知道他的事情……”

看似平凡的问题，却是个关于小说家在开始写书时的基本问题。**比起针对事物的结果提出问题，反而是问出如何产生这一结果来得有收获。宇多田光的问题抓住了基本概念**。

两人的对谈仍在持续。

通过凯斯的问题，引导出自杀的话题来。他问：“我相信你有洞察他人感情的能力，年轻的艺术家将会如何面对死亡？你本身对于死亡是持什么样的看法？”凯斯忽然对宇多田光投掷出普遍性的问题。

在这之后两个人就死亡或是自杀进行对谈，宇多田光斩钉截铁地表示："我绝对不会自杀！"凯斯则是回答："希望自己是手放在打字机上死去。"

第一次见面的人的对谈深入到死亡，是很少有的事。也许是因为两人同为创作者才能如此无所不谈，针对死亡这种本质的事情，初次见面也可以一步步地谈下去，以日本人的习性，不是极为亲密的人是不会问如此本质的事的，可见这段交流相当大胆。

之所以可以达到如此的境界，是因为在这之前，两人之间不断地累积出共同理解的事情。例如自己的内心里有两个自己、孤独对于创作有怎样的影响，等等。经过彼此交流后加深了理解，所以才能再进一步谈论死亡主题。否则如果一下子就把死亡和自杀的题材拿出来，只会使对谈气氛变得沉重。

"你是天才吗？"

随着对谈接近尾声，凯斯更针对核心提出问题。

凯斯问道："差不多接近尾声了，问你最后一个问题。你是天才吗？"看似平凡无奇的问题，却是"说不定经过刺激，宇多田光会说出很多事"的一个诀窍。由于大家认为她是天才，所以就提出了这个问题。

"NO！没有这回事！当有人说我是天才，只会让我感到屈辱，因为那是非人类的。”宇多田光这么回答。之后凯斯也说出他个人对于“天才”的看法。

总之“你是天才吗？”这个问题，不是随意问的问题，而是因为凯斯正在思考关于天才这件事，才准备的这个问题。

凯斯认为以天才的标准来说，“问题在于，所谓天才是什么？除了为自己以外，做了什么？如果只是才智过人的话，那天才就没有意义了。多的是拿针会刺到手腕、走路会跌倒在地上的天才。天才必须是为了完成某件任务，贡献出自己的人生才觉得有意义”。世界上许多人在进行采访时，不会自己下评论或给答案，而只是依赖对方的看法。

这一章所介绍的三个人，丹尼尔·凯斯、詹姆斯·里普顿、亚历克斯·哈利都是各自拥有实际且丰富视野的人。他们采取的做法是配合对方的思考，同时提高沟通水平。

在高水平的“提问”当中，最重要的事是**当你问自己那个问题时，你将会如何回答？事先演练一遍，准备一定程度的答案**。不要提出自己被询问时都回答不出来的问题，否则对于对方的回答恐怕会招架不住。

宇多田光说“我从‘有人说我是天才’这件事学到的事情是，发现我什么都做不到”。她又说“有时候写写音乐，只是想娱乐自己。也会想到如果没有将自己的音乐发表出来会是什么样的情形？不过还是希望大家要多听、多接触或是多看我的音乐”。

在那个语境当中，凯斯提出艾米莉·狄金森的诗，他喜欢这首诗。然后宇多田光也引用武者小路实笃的诗，两人展开以下谈话。

凯斯：艾米莉·狄金森有一本著作《为书柜写的诗》。她写这本书时并不打算发表。你知道吗？在几首诗当中，有些是描述人性的作品。内容是这样的：

"你把我排除在外，而在自己的周围画圈圈。我为了接纳你，在我自己周围画圈圈。"

很美的一首诗。虽然这只是一首写给书柜的诗，幸好有人打开了书柜才发现这些诗，因此才被发表出来。这并不是为了外界社会所写的诗。我喜欢这诗，我觉得它应该被正式发表。

宇多田：有名的日本作家武者小路实笃，我不知道该怎么翻译他的名字，他是这么写的："如果实力不够，这条路绝对走不下去，但是我选择了这条路。"然后接下来是"只要一直走下去，实力自然会增加"。然后道路自然开阔起来。有时候也会萌生"为什么我一定要吃这种苦头"的想法，不过正是因为这样，我才选择了这一条路吧。

凯斯引用了某件事，宇多田光也引用了日本作家的例子，纵使两人之间有年龄的差距，也是在用一种对等的态度沟通。不要只让对方有负担、依赖对方，对方有所动作时，这一方也要做出相等的动作，然后持续重复。两人跨越年龄的差距，在非常有共鸣的气氛下结束了谈话。

这段对话的主角都是身怀特殊才能的人，我们可以看出，凯斯一开始通过文字来讨论创作过程，得到共鸣之后，又细心地准备了一个又一个问题。

虽然在现场彼此可以愉快地交谈，但也要依靠凯斯所提出的问题，才能在非常短的时间里达到心灵交流这种高水平对话。

最后两人以“谢谢，谢谢！真高兴能够认识你”“我永远珍惜这次的相识”这样的话结束了对谈。这对于如何维持对等关系的对谈风格是一本很好的教材。

2 依循对方经验发展创意的“提问能力”

研究对方事迹后，做出假设提问

接下来我要介绍的是日本NHK电视台所转播的节目《演员工作室访谈》(*Actors Studio Interview*)。这是美国作家詹姆斯·里普顿访问许多电影导演或明星的电视节目。

里普顿是美国知名作家，小说代表作《镜子》(*Mirrors*)。聚集在电视台摄影棚里的观众都是立志当演员、编剧、导演的学生。换句话说，这是一个在有很高的专业背景下提出各种问题的谈话性节目。

每一次提出的问题都十分犀利。除了精辟的提问外，嘉宾的回答也是趣味横生。如此充实的采访节目在日本并不容易见到。

首先，里普顿事前的功课做得很扎实。他审视所有受访者的电影之后，再根据他们经历中的转折点和成长的过程提出清晰的问题。举一个例子，像他访问拍过《E.T.外星人》《大白鲨》等电影的知名导演史蒂文·斯皮尔伯格。

起初他问的问题是："父母对你的影响很深吗？"谁都会认为自己受父母的影响深远，通常会回答"是的"。斯皮尔伯格则说："我有计算机工程师的父亲和钢琴家的母亲。"

实际上这个问题成为之后出现的内容的伏笔。里普顿的提问不是毫无意义，而是基于某种假设和意图所提出来的问题。

对于斯皮尔伯格的回答，他说："你和美国电影代表人物奥森·威尔斯（Orson Wells）一样。"奥森·威尔斯是拍摄《公民凯恩》（*Citizen Kane*）的知名导演，也是演员。里普顿会这么说，是因为威尔斯的父亲是一位发明家，母亲也是钢琴家，和斯皮尔伯格有相似的地方。

于是斯皮尔伯格回答："该不会是同一对父母吧？"表现了他高度的幽默感。

像这样事先充分地调查对方的背景之后再提出问题，对观众来说相当具有建设性。

例如，他问道："听说你在青少年时，在一本很重要的书里面画了漫画？"斯皮尔伯格回答道："是狄更斯的《双城记》，我在里面画了连环画，那是我碰触动画的开端。”然后他又开玩笑地说“我用的是名作喔”，里普顿随即回答他“那是恰到好处的连环画啊”。

这是穿插丰富的知性和幽默感的有趣对谈。

然后继续以下的问题，像“何时开始使用8厘米摄影机拍摄”“怎样完成沾满血迹的场面？”“据说血浆是用煮烂的樱桃做的”，这都是他十几岁时的故事。

里普顿：有两个主题相当受人瞩目。其中，光线照亮整个房子的场面，那个光线是如何打造？

斯皮尔伯格：从其他世界来的物体所放的光。

里普顿：其他世界啊！这个构思后来产生了某部作品。

斯皮尔伯格：是《第三类接触》。

里普顿：还有一个主题是父母关系不和，这是你一直在探讨的主题。

之后里普顿根据斯皮尔伯格的作品一个一个详细地问下去。例如在斯皮尔伯格十几岁时，创作了《火光》(*Firelight*)。里普顿问：“这部电影当中出现了怎样的光芒？”

这个问题的动机是，斯皮尔伯格在后来的《第三类接触》里，用光表现出UFO的光线。所以提出是不是来自《火光》的灵感？

后来他又问到“父母不和的主题”，这主题也指出双亲感情不和睦的小孩，已经成为斯皮尔伯格的电影探讨的核心。企图问出这是在十几岁时期早已产生的主题吗？与其说是问题，不如说是里普顿用自己的发现、假设来试问对方。

不只是因为不知道所以发问，还要在自己**熟读了对方资料之后，将发现的事迹作为假设向对方提问，并且请对方确认**。也许假设会有扑空的结果，但却是一个崭新的问题。这和倾听对方说话的提问完全不同。这个是有点顽固地认定对方的想法是怎样的做法，不是一个很好的发问方式，不过，据说已经事先取得斯皮尔伯格的同意。

里普顿：《横冲直撞大逃亡》的摄影导演是谁？

斯皮尔伯格：是维尔莫斯·齐格蒙德（Vilmos Zsigmond）。这是在我看了《激流四勇士》（*Deliverance*）和《花村》（*McCabe and Mrs. Miller*）之后决定的，他是当时最好的摄影导演。

里普顿：他有问过你要以谁的观点拍摄吗？

斯皮尔伯格：那时候的我非常高傲，当他这样问我时，我很不爽地回说：“以我的观点。”

里普顿：他怎么说？

斯皮尔伯格：他说“我看你念的学校不是很好”“你没

看过好电影吧？”当时我还很年轻，累积了一个好经验：愿意给意见的人是很宝贵的。当有人问该怎么拍摄，就等于是问作品的表达手法。怎样运作摄影机决定故事的阐述方式。在这个关键上如果和对方同样步调，就不是只自己述说了。一开始就算再怎么不成熟，也要贯彻自己的做法。

“摄影机要以谁的观点拍摄？”

里普顿问了许多问题，最重要的内容是《飞轮喋血》（*Duel*）的大卖，以及拍摄续集《横冲直撞大逃亡》（*the Sugerland Express*）时的事情。

当他提出“摄影机要以谁的观点拍摄”时，斯皮尔伯格回答：“当然是身为电影导演的我。”他表示不是以摄影师或是演员的观点，而是以自己的观点为优先。从这个问题可以看出斯皮尔伯格的观念，因为这是决定电影阐述方式的根本，还处在初学者阶段的人尤其要贯彻自己的做法，这是很重要的。

“摄影机要以谁的观点拍摄”虽然是既具体又简单的问题，因为里普顿很清楚那是决定电影风格的重点，所以提出这样的问题，也很成功地通过答案将电影导演的作家性质引导出来。

随后也有许多变化性的问题，里普顿没有动摇提问的中心。前半部的中心在于斯皮尔伯格心中的小孩子的观点。里普顿所提出的问题是：“你是想要通过小孩子的眼光来创作作品吗？”

比起毫无目标提问的发问者的问题，里普顿这种提问方式有着自己独特的主题。

里普顿事前准备了所有的问题，每个问题中也有里普顿自身的用意。虽然事前的安排过于周密会让两人之间失去临场感，但若具有圆满处理的能力以及**有主题性的问题，则可以加深沟通的深度。**

里普顿认为通过小孩子的眼光来创作电影的做法，对于斯皮尔伯格来说，是一项本质性的事情。所以他提问的方向是针对本质性的问题。

在日本，每次有电影导演或是电影演员到日本时，总是会问一些粗糙的问题而激怒对方，这一比较之下，有如云泥之别。

里普顿：《第三类接触》是表现你风格特征的代表作。换句话说，就是通过小孩子的眼光所描述的作品。这是你的目的吗？所以当大人们搭上外星船时，伸出手来的外星人也像是小孩子的模样呢。

斯皮尔伯格：是的。

里普顿：饰演外星人的是谁？

斯皮尔伯格：一群小女孩。

里普顿：几岁的女孩？

斯皮尔伯格：嗯。7~9岁。

里普顿：导演特吕弗也参加演出。

斯皮尔伯格：他最棒！

里普顿：愿闻其详！

斯皮尔伯格：我真的很有福气。那段时间可以在他的身边一起度过。和这位巨匠也聊了很多电影的事。有一天他告诉我，“你应该拍些给小孩子看的电影”，老实说，《E.T.外星人》是献给他的作品，想要报答他那一番话。

接下来斯皮尔伯格谈到与法国电影导演弗朗索瓦·特吕弗（François Truffaut）之间的故事。

在拍摄《第三类接触》时，听说特吕弗也有参与。他对斯皮尔伯格说，“你应该拍些给小孩子看的电影”，这一句话深深刻在他的脑海里，之后他拍的《E.T.外星人》就是以小孩子的世界为中心。所以斯皮尔伯格说这部电影是献给特吕弗的。

就我个人的观点来说，和他人沟通时，追究对方的精神分析的深层心理，或是心灵的创伤不是一件好事，但是要**多加关注促使对方成功的本质性的话题**。所以就这层意义上，里普顿对于斯皮尔伯格的访问，是一个事先设定主题来发问的好例子。

前面提到过高水平的提问中受访者会因为问题得到“新观点”的例子。同样地，这里也发生了。

例如，有一个场面是里普顿根据《第三类接触》中的计算机合成音乐提出的问题。片中和外星人通讯的方法是利用计算机合成音乐，斯皮尔伯格回答："负责配乐的人花了7个星期用计算机谱曲，用钢琴演奏给我听。"于是里普顿接着发问："你的父母会用什么方式和外星人沟通？"

乍看之下，"如果你的父母"是一个毫无脉络可循的问法，但却是提供给对方一个想法，让他可能回答"如果是我父母的话，也用计算机编曲然后演奏给外星人听吧！"斯皮尔伯格笑着说："你不说的话我还未曾思考过呢！谢谢！"

其实这是个回归到斯皮尔伯格的父亲是计算机工程师、母亲是钢琴家的问题上，再加上他以小孩子的观点拍电影和与他者之间的通讯等许多主题。

里普顿也许知道一些故事，但是累积到现在的问题已经有了自己的深度。这是他敏锐的洞察力所带来的优势，并非一般人就能轻易做到高水平的提问。

里普顿的例子有一个特征：就是**事先做好缜密的功课，掌握重点，抓住主题来应对受访者**。这个和许多日本人不先了解对方背景、随意发问不同。此外，该节目的工作人员也很努力，所以是不论换成什么样的受访者，也能稳定播出好节目。

3 设定主题发问，极具创意的“提问”

能够引出对方真心话的提问

第三个提出的方式是主题更加明确的强力问法。里普顿采访斯皮尔伯格导演，是根据他从青少年时期就开始创作的电影照顺序细致发问。和这种方式成对比的，具有明确主题问法的是亚历克斯·哈利。

亚历克斯·哈利是描写黑人奴隶生涯《根》（*Roots: The Saga of an American Family*）一书的作者，也是《马尔科姆· X自传》（*The Autobiography of Malcolm X*）的共同作者。在他执笔《根》之前，在《花花公子》杂志担任采访记者。他本身也是黑人，从20世纪60年代到90年代为止，都以黑人问题为探讨焦点，是一位立场鲜明的采访记者。

受访者是一些优秀的黑人，比如迈尔斯·戴维斯（Miles Davis）、马尔科姆、拳王阿里（Muhammad Ali）、马丁·路德·金（Martin Luther King, Jr）、小萨米·戴维斯（Sammy Davis Jr）、昆西·琼斯（Quincy Jones），等等。**这些受访者各自拥有很明确的主题，由此提出具有深度的问题，回答者也能认真回答**，从而造就了难得一见的内容充实的专访集。

哈利对所有的人提出的问题都是探讨有关黑人的本质性问题，那究竟是什么样的问题呢？在此，以迈尔斯·戴维斯的访问为例子。

哈利：你身为一位成功音乐人的同时，对待听众的不友善或是恶劣的态度也成了话题，对于这件事你有什么看法？

戴维斯：为什么大家对我特别有意见？真是很让人生气！我又不是什么重要人物。他们没有别的事可以做吗？有些好事者说我演奏之前不报曲名、不理会观众的眼神、不敬礼、不搭话、演奏的时候忽然从舞台消失，全是些废话！

听好！我只是一个小号演奏者，顶多还会吹点萨克斯风。是不是因为我只会这两样，就造成这些是非吗？我又不是艺人，也不想成为艺人。我只是一个音乐人。提醒你们，凡是有关我的新闻，有一半是骗人的，我做任何事都有理由。

第一个问题是："对待听众的不友善或是恶劣的态度也成了话题，对于这件事你有什么看法？"虽然是针对迈尔斯·戴维斯对观众的态度恶劣所提出的问题，实际上**问法却相当犀利，可以说是点燃他心中怒火的问题**。

果不其然，迈尔斯·戴维斯十分激动："为什么大家对我特别有意见？真是很让人生气！我又不是什么重要人物"，还有"有些好事者说我演奏之前不报曲名、不理会观众的眼神、不敬礼、不搭话、演奏的时候忽然从舞台消失，全是些废话！""我不是艺人，也不想成为艺人。我只是一个音乐人"。

这个问题引发出迈尔斯·戴维斯对自己的身分只是小号演奏者而不是艺人的雄辩，以及表达出自己不想在舞台上发言的气愤情绪。

而哈利则继续提问："最让你感到愤怒的是哪些人？"这是在对方的愤怒及不满上点火的有效问题。只要专注在哈利的问题上，就会发现问题既简短又切入核心。我们先看看问题本身。

第三个问题是："你认为因为自己是黑人所以才招来批评吗？"

第四个："对于种族基本上有什么感觉？"

第五个："童年时期，结交过白人朋友吗？"

第六个：“好奇心在你的音乐中发挥什么样的作用？”

问题全部都很短，我相信是事先准备好的。虽然问题简短，但是回答却很长。换句话说，这些是能够引出话题、极具爆发力的问题。

在稍微前面的问题中问及“有没有不愿表演的场所或酒店？”这是关于黑人的基本问题。哈利也曾经问过别人同样的问题。

迈尔斯·戴维斯则说：“有几处啊！在南部我完全不会订表演合约，我可是无法忍受对黑人的差别待遇，也一点都不想去。”紧接着他还说道：“我也讨厌在那些带着女友来，为了夸耀自己而利用音乐的白人面前表演。”“在不让黑人来听音乐的南部，我一点都不想表演，也不想到黑人不来的北部酒店表演。”他充分地表达了愤怒。

最后的问题是：“你一直很在意自己是个黑人这件事吗？”哈利问过所有的人这个问题。对此迈尔斯·戴维斯则表示：“我最久远的记忆是一群白人一边从路边冲过来，一边喊着Nigger（黑鬼）！ Nigger！”戴维斯亢奋地述说父亲持着短枪追逐那群白人的故事。

问题的数量不多，题目也很短，但几乎都是戴维斯在述说。这场访问按照节目策划，是让他尽情地说出心里话。这与先前宇多田光和丹尼尔凯斯的对谈中，说出提问者的经验先建立共鸣的基础，再往下问的对等沟通是不一样的方法。

在提问者几乎没有表现共鸣的情况下，也完全达到了访问的目的。他也没有说，“我也是啊！有经验啊，只要是黑人就很吃亏”，只是单纯地提出问题，就可以引出这些精彩的内容。这就是提问技巧啊。

这不是普通的对话，而是仅靠提问就达成沟通。可说是单刀直入的高水平“提问能力”。

“请用你的观点解说每一个回合好吗？”

访问拳王阿里也很有意思。阿里原名为卡修斯·克莱(Cassius Clay)，后来改名为穆罕默德·阿里（ Muhammad Ali)，是拳击史上重量级的冠军王。

访问的焦点在阿里对索尼·利斯顿（ Sonny Liston ）的比赛中夺得了世界冠军。其中仔细探讨让阿里扬名世界的转折点，并且就其提出问题。我认为能从哈利的问题学习到的重点，就在接下来的谈话中。

“媒体对关于你的拳击训练印象并不深刻，倒是很清楚利斯顿的训练，这也包含在计划里吗？”这个问题暗示着阿里可能在刻意隐瞒自己的训练。

针对这个问题，阿里对哈利做了“你倒是很清楚嘛！”的评价。他说：“除了自己阵营的人，不会让不相关的人看我的训练。”这意味着他承认的确刻意隐瞒。

充分收集对方的资料，提出一般人不注意的问题，可以得到信任，这是良好沟通的一种方式。这可以从“你倒是很清楚嘛！”当中一见端倪。这可以让对方感觉到是值得自己谈的问题。

不针对发生的现象或结果，只要你注意到对方不为人知的行事作风的重点，必定能得到“你懂我”的评价，并且产生信赖关系。

问话和对话的诀窍是，**问出对方吃尽苦头的事迹，不能太过于表面化**。

有趣的事是在阿里的谈话中，出现了“像蝴蝶飞舞，像蜂一样的刺”这句名言。哈利马上问他“是什么意思？”这是谁都会问的问题，也是读者想要了解的重点问题。

接下来的问题也很有趣。

哈利要求阿里，“请以你的观点解说每一个回合好吗？”面对这个问题，阿里要回答的不只一回合，对于时间上相隔遥远的比赛，要解说每一个回合的确困难，但是阿里从头解说到了尾，真是个聪明的拳击手。

阿里：好啊！我想应该可以解说吧？第一回合尽量不要被打到，身体保持跳动，让利斯顿眼花撩乱。他总是目露凶光地瞪着我。你知道吗？这小子想把我干掉呢！开什么玩笑！他慢慢地做左边弹跳，但是却打不到我。我一下子把身体往后退一点，一下子把头往下低一点的。那家伙忽然一个右勾拳过来。还好被我闪过去，否则吃上这一记拳我会受伤的。但是我右边的腹部挨了一拳头。我一边直视他的眼睛，脚仍不停地动作。我一眼就看出来，利斯顿想要用重拳。（中略）

第二回合的钟响了之后，果然不出我所料，他全力以赴地朝我攻击。我第一回合赢了他，所以他想要洗刷第一回合吃瘪的耻辱。后来我被他逼到绳界时，大伙以为我这下子会死在这里。他不停地挥拳过来，我使用迂回行进法错开身体，闪过大半的拳头。有一次他的手臂轻轻触碰到我的脖子，印象中我对着自己大喊："就这样继续下去就好。"（中略）

第三回合开始了。我看他的表情，很清楚他在想什么。我不但没有被他打倒，还站在台上，身上的伤口不停地渗出血来，让他受到打击。他不知道接下来该怎么做？但是我的精神不再像之前和比利根（上届拳击冠军）比赛时那样松懈。这个回合轻易地结束，是当作休息的回合。不过我也不想浪费时间。我确实以他的眼睛为目标，发誓一定要挥出致命的一拳才行。所以钟一响，我试探他是否疲倦，果然！于是我将他诱导到绳界，这中间只挨了一拳还撑得住的连击拳（Combination Blow）。我的左勾拳正中心打到他的右眼。左眼的右下方出现严重的伤口，从血立时涌出来就知道伤得不轻。（中略）

但是结束了五个回合之后回到场边，工作人员把我的眼睛清洗之后，又可以看见东西。这下子我势必要赢得这场比赛。像刚刚我说的，把身体的状况调适好之后，再一次掌握比赛的步调。支持我的人群非常了解我，于是在场边大喊："你够屌的！宝贝！"（以下省略）

真是生动的解说。不得不佩服阿里惊人的记忆力，可以名垂青史的选手脑筋果然不同。像养乐多队的古田捕手可以记住投手全部的球法，长野奥林匹克溜冰赛夺得金牌奖的清水宏保选手也是，踢50步就能将这50步区分清楚。优秀选手的头脑都有共通的做法吗?

哈利掌握了对方的头脑水平之后进行发问。想必他事先推测阿里可以把每一个回合都记得很清楚。光读这一段访问就可以了解阿里有着一副好头脑，这才是他打拳击的本质性要素。

哈利问他："请以你的观点解说每一个回合好吗？"如果没有这个问题，相信我们不会如此彻底地理解阿里极具明确的判断力。

"连续8个挥拳打过来，在最后的回合挨了个左勾拳"，他还记得当时在思考什么，这一点果真是超乎常人。借着问题将人的精华雕刻浮现出来，这是一个好问题的例子。

问了有关拳击的问题之后，又问了有关伊斯兰教的问题。先看看题目。

首先，他问："什么原因促使你加入穆斯林教？是哪个人物让你下定决心进入这个组织？"阿里针对这个问题做了很长的回答之后，下一个问题是："何时成为穆斯林的？"接着再问："信仰伊斯兰教，你的人生有多大的改变？"得到的回答是："它改变了我的一生。"

接着再问："在伊斯兰教之前加入过其他的宗教吗？"之后，阿里说出一段他从基督教改信伊斯兰教的经过。卡修斯·克莱是奴隶名，改信仰之后换成现在的穆罕默德·阿里，对他来说改信伊斯兰教让他重新审视自己的人生。

这段和拳击的强悍没有直接关系的话，对阿里的人生来说是一件革命性的事件吧？我依悉记得最早他的名字是卡修斯·克莱，也曾经很纳闷他为何中途改名。

这些都是很单纯的问题，像这样程度的问题有三四个就可以鲜明地导引出阿里的心灵世界所发生的事情。很明显，他改信伊斯兰教是对种族歧视的一种抗议，在这之后哈利转移主题，以黑人问题为主。

起先是拳击的内容，慢慢地转移到黑人问题。这和访问迈尔斯·戴维斯的做法一样。一开始询问音乐的事，后来变成黑人的问题。对于阿里也是先针对拳击的事发问，之后转移到黑人问题，再深入内容，这是主题性很强的访问。

你为什么总是在工作？

还有一位小山米·戴维斯的访问。

小山米·戴维斯是一位知名又忙碌的明星，哈利也提到为了访问他所经历的辛苦。

> 我希望各位能听我说完这一段故事。我为了要取得小山米·戴维斯的信赖，花了两个星期尾随在他的货车后面从一条街到另一条街，努力地要侵入他的亲友及协助者所布下的安全网，敲开他那沉默的外壳，但是默默等待的结果只是得到他挥手招呼致意的程度，抓不到拦住他好好聊天的时间。终于有一天山米发现了我们的辛苦，把我叫到他身边，总算在费城约好访谈的时间。这个约谈终于有了结果，真是战胜接连不断的困难、得来不易的成果。

花了两星期追他的车子，总算注意到他的辛劳而与他约好访问的时间。这位忙碌的大明星就在眼前，到底该问什么问题，哈利想了很久终于提出**“你为什么总是在工作”**的问题。

在小山米的自传里也零散写着，连至交好友都很疑惑他的工作状况，所以他提出这样的问题。**对于小山米的异常忙碌，这问题是一个切入重点的开端**。

哈利：山米！我看你为了满满的行程，筋疲力尽地东奔西走。为什么不好好休息，总是不停地工作呢？

山米：如果要成为第一，就一定要比别人更拼命工作。我希望维持自己在这个业界一流的水平。不断地工作，当机会终于来临时，你会狠狠地将飞来的球打出去，还是压抑着自己用软拍子？换成我，一定对准目标击出。（中略）

有野心是一件坏事吗？

哈利：当然不是，但为什么要没完没了地接下演出委托？

山米：任何一个人一开始绝不会一下子接受三四个大案子，当你开始着手进行第一个演出时，忽然第二个演出机会来找你，当你计划该如何安排两个演出时，忽然其他无法拒绝的演出也找上门来。就这样子把我自己搞得忙得要死。

问题是："为什么要没完没了地接下演出委托？"也等于是问为何把自己弄得这么忙碌。小山米则回应："当你开始着手进行一个演出时，忽然另一个演出机会找上门来。"

这个问题并没有在此中断，而是接续出稍后不久的问题。先来看看问题。

“身为艺人的你有一种渴望，希望所有的演艺活动被观众认同，不是吗？”这是具有主题性的问题。因为哈利猜测他如此强烈地渴望受到他人的认同，是因为他在意白人的看法。所以一开始才提出，“为什么总是不停地工作呢？”

他不仅仅要问“你好忙啊！”而是想知道他之所以忙碌，是不是想被认同？而追究到想要被认同，是否在那强烈的思想后面有着什么理由。

下一个问题更是一针见血，“像深夜俱乐部或是剧场里，观众以白人居多，你之所以强烈地想被认同，是因为意识到自己是黑人的关系吗？”

“强烈地想被认同”和黑人问题的主题在此连上关系。**忙碌和黑人问题的结合是哈利所使用的惊险技术，实际上联系着理论性的说服力**。换句话说，由于是黑人的关系，渴望被认同的欲望便超过常人一倍。普通人是不会将忙碌工作和黑人问题扯上关系的。

但是哈利却将乍见之下毫不相干的问题，有条理地安排在语境中，呈现出忙碌与黑人问题之间的关联性。这点或许连山米本身都没有发现到。这真是极具深意的问题。

接下来哈利的问题进入山米的内心深处。

哈利：能不能聊一聊在军队时期的体验？

山米：碰到了几个充满偏见的家伙！你知道吗？被好几个人压着围殴，鼻子折断了两次。但是身体所遭受的暴力不足为奇，最受伤的是心理方面。我一直在表演业界生活，这之前，不管是我还是父亲，是一起工作的代理商还是经理，我们所遇到的白人都是和蔼可亲的。那种亲切度也不是一看到我就会和我拥抱的意思，我也不曾有过那种经验。但是进入军队以前，没有一个白人看到我会在脸上露出厌恶的表情。这是我感激的地方，就算是我不认识的白人。（以下省略）

"能不能聊一聊在军队时期的体验？"这个问题是承接了山米前面提到的曾经入伍的事。而他的回答让人明白了黑人种族歧视有多么严重。

"被好几个人压着围殴，鼻子断了两次""才进入步兵基础训练中心10分钟，耳里不断听到"黑鬼"这个字眼！超过了我这一生以来所有听到这个词的次数""问路时，我先说'请问学长'时，所得到的回答竟然是'谁是你的学长？你这个臭黑人'""还把我父亲借钱买给我的手表用军靴踩烂""请我喝的啤酒，里面装的竟是刚尿的还温温的小便"……

在这之前，山米被问到黑人种族歧视时，他的回答是："我并不想再提，也不愿再去回想。不能再去计较了，管他的！回忆当时的事，我不想被认为是在发牢骚。”不过哈利还是根据种族歧视提出具体的问题。

这是非常重要的问题。我也是在读过这个故事之后，才了解黑人的差别待遇真的很严重。所以觉得哈利问这个问题非常好。

然后哈利最具主题性的问题成为整个采访过程的高潮，那就是：“你是否有过，如果你不是黑人的话会更好的想法？”山米则回答：“如果我是白人，应该不会这么强烈地渴望在演艺界得到成功吧。”

哈利有一个目的——他希望在各业界的一流黑人当中问出关于黑人问题更深层的一面。但是由他发表言论形成主导的话，难免有访问者编故事的嫌疑。有时候也会看到某些访问者事先编好故事，然后强迫对方配合的对谈。不过这种对谈不会有新的火花，也没有意思。

哈利则是将自己的问题简短化，让对方有时间说出更多，却不偏移主题。这是有切入重点的好问题。这是没有偶然的相当稳定的“提问力”，是集中火力很好的教材，也可以说是“提问力”最高水平的教科书。

在阅读对谈或是访问内容时，不光是看有趣的回答，同时也要注意问题本身的质量。引出当事者不曾思考过的事、本来没有关联却发生了关系的事件、光是一个主题就能深入对谈、透过问题唤醒了被自己遗忘的往事，然后记忆源源不断涌现，这些都是在进行对谈时可以得到的喜悦。

以这样的观点去看对谈或是对话的教材，应该就可以理解“提问”的精华。

后　记

在导入“提问力”这个观念时，便能明显看出日常生活中的对话内容,但这并不只是为了有趣。就像是将孔子、佛祖、耶稣、苏格拉底等优秀人物所说的话，用问题来重新剖析，将可以找到完全不同的新鲜事一样。

杰出的人们几乎不会自己写书，最基本的模式就是针对问题发表看法。针对从眼前的人接收到问题而作出回答，他们所说的话将在历史中得到保存。

孔子也曾经说过:“为什么同样的问题，会产生不同的答案？”为什么那个人这么说，这个人却不这么说呢？因为回答时要先看穿对方的水平，这些伟人不见得总是说普遍性且绝对的真理，而是依据发问者的不同说出不同的答案。

所以专注在弟子们的“提问力”上加以探讨，重新审视伟大人物的言语，也许可以从他们的金玉良言里发现新大陆，同时也将发现有些伟人所提出的问题非常精彩。由提问的观点来重新理解他们，也是十分耐人寻味的事。

孔子的弟子经常发问。从《论语》中举出几个有趣的问题。

“问曰：赐也何如？”（孔子的弟子子贡问孔子：“我是怎么样的人？”）

“子曰：汝器也。”（孔子说：“你是一个器皿。”）

“曰：何器也。”（子贡问：“什么样的器皿？”）

“曰：瑚琏也。”（孔子回答：“是瑚琏。”）

瑚琏是用玉装饰的贵重器具。器具有其限度，这个回答则表示子贡是一个相当有潜力的人。这是孔子对于弟子忽然间提出本质性问题所做的回答。

孔子也会问弟子问题。

“颜渊季路侍。子曰：‘盍各言尔志’。”[孔子对颜渊(字子渊，又名颜回）和季路（字子路，又作季路）说：“将你们自己的志向、愿望说给我听听吧！”]

子路的回答是：“愿车马，衣轻裘，与朋友共，敝之而无憾。”（“我希望和朋友一起享用马车、衣服或毛皮外套，就算有破损也不会懊悔。”）这是很具体的答案，就是和朋友有福共享的意思。

孔子最欣赏的弟子颜渊的回答则是：“愿无伐善，无施劳。”（“我希望自己不骄傲自满，伤心烦恼的事也不推给别人。”）

子路："愿闻子之志。"（"我们能听听老师的志向吗？"）孔子回答："老者安之，朋友信之，少者怀之。"意思是"希望可以让老人安心，让朋友相信，让年轻人怀念"。

这是很有名的句子。这也是以发问为主轴，两者之间互相质疑应答、流传千古的应答集。

关于为什么同样的问题有不同的回答，下村湖人在《论语物语》明白地写道：有人问孔子这世界上到底有没有灵魂。因对象的不同答案也不一样。明白地说，虽然是同一个问题，却会在衡量对方的本领之后，用符合对方水平的答案来回答。

苏格拉底也一样有趣。他是个很会发问的人，本来提问题就是哲学家的工作。苏格拉底自己也会传授知识，将自己的立场放在"提出问题的人"上头，这一点和孔子不同。他不自己说出真理，他问对方问题，以此来唤醒对方自我觉醒。

他提出的问题，特别着重于让对方发现自己的无知，既无知的知，从而促使对方反省。他是个彻底实践提问价值、正确评价提问的力量的人。

不光是伟人说的话，出现在小说幻想世界里的对话以"提问"的观点来看时，也会产生不一样的看法。

陀斯妥耶夫斯基的名作《卡拉马佐夫兄弟》第5卷《赞成与反对》中，有一段是主角伊万·卡拉马佐夫把自己的作品《大审问官》说给弟弟阿廖沙听。《马太福音》第4章写着耶稣和恶魔的对话。恶魔对着耶稣问了三个问题。

这三个题目是，“你如果真是神的孩子，那你下命令将石头变成面包。”“你如果真是神的孩子，从这个塔上跳下来（真的跳下来也不会受伤）。”“如果你可以将我制服，我将这世界上所有的荣华富贵都送给你。”

耶稣针对这些问题如此回答：“人不是只有依赖面包就能生存”，“神是不可以测试的”，“你只要献给神就可以”。这段回答是基督教教义里最著名的。但是陀斯妥耶夫斯基所关心的是恶魔提出的问题，反而不是耶稣的回答。伊万·卡拉马佐夫曾经如此说过：

> 奇迹正出现在这三个问题的提出上。如果完全为了试验和譬喻起见，设想那个可怕的恶魔的三个问题已经在圣经里消失无踪，现在必须予以恢复，重新想出来，编出来，以便再记到圣经里去，为此召集地上一切智者——掌政权的人、总主教、学者、哲学家、诗人，给他们出课题：构想并编出三个问题，这三个问题不但必须适合事件的范围，而且还必须用三句话，只用三句人类语言来说出世界和人类的全部未来的历史，——那么你是不是认为把地上的一切智慧合在一起，能够想出在力量和深度方面可以和那位勇敢聪明的恶魔在旷野里对你实际提出的三个问题相比的东西

> 呢？单就这些问题来说，单就这些问题的提出这个奇迹来说，就可以明白，这是我们所看到的并非人类的一般智慧，而是永恒的、绝对的智慧。因为在这三个问题中，仿佛集中预示了人类未来的全部历史，同时还显示了三个形象，其中囊括了大地上人类天性的一切无法解决的历史性矛盾。

也就是说恶魔所提出的三个问题是耶稣的本性，或是被浓缩之后的人类未来的所有。像这样的三个问题有谁想得出来？由此可以强调问题本身的精彩程度。虽然耶稣的回答也很好，但陀斯妥耶夫斯基对于恶魔“提问力”的评价胜过耶稣的回答能力，可说是空前绝后的问题。

请注意，“提问力”也可以成为阅读小说时有趣的阅读法，并且还能作为培养“提问力”的训练。

出版后记

一直以来比起提问，我们更习惯于将重心放在如何回答问题。因为从小学到大学,在学校中我们一直处于回答问题的立场。但进入成人的世界中，我们才发现有意思的答案、正确的答案会因为每个人的专业、经历和实力而有所不同。然而提问则与之不同，即使是不了解这个领域，也能够通过提问来获取有效的信息。提问的方式远比表达方式更能显现出一个人的实力。

本书作者斋藤孝，是日本明治大学的教授，也是一位教育学者。除此之外，他也发表了诸多商务、写作技巧方面的著作。

在这本书中，作者提出在当今社会具备高度的表达能力是一个十分重要的素质，而在与人的交谈中能否提出一个好问题则能够检验一个人的表达能力，甚至是沟通能力。书中列举了大量高水平的谈话实例，比如村上春树、吉本芭娜娜、宇多田光、村上龙、司马辽太郎、河合隼雄、斯皮尔伯格等人的访谈实录，告诉读者在实际谈话中如何提出有优秀的问题，抓住谈话中的本质性的内容，更加有效地获取关键信息。还有有作者独创的“坐标轴思考法”，时刻保持“具体且本质”的提问意识，让你抛出的问题不再“无聊”。

只要你懂得如何提出一个好问题，那你跟谁都可以“聊得来”！

服务热线：133-6631-2326 188-1142-1266
服务信箱：reader@hinabook.com

后浪出版公司
2017年5月

图书在版编目（CIP）数据

如何有效提问 / (日) 斋藤孝著；傅稜君译. -- 北京：文化发展出版社，2017.8

ISBN 978-7-5142-1863-3

Ⅰ. ①如… Ⅱ. ①斋… ②傅… Ⅲ. ①提问—言语交往 Ⅳ. ①B842.5

中国版本图书馆CIP数据核字(2017)第190086号

SHITSUMON-RYOKU
Copyright © 2006 by Takashi SAITO
First published in Japan in 2006 by CHIKUMASHOBO LTD.
Simplified Chinese translation rights arranged with CHIKUMASHOBO LTD.
through Japan Japan Foreign-Rights Centre/BARDON-Chinese Media Agency

版权登记号图字01-2017-5992

如何有效提问

作者：［日］斋藤孝　译者：傅稜君
责任编辑：肖贵平 罗佐欧　特约编辑：李雪梅　筹划出版：银杏树下
出版统筹：吴兴元　营销推广：ONEBOOK　装帧制造：墨白空间
出版发行：文化发展出版社　印刷：北京盛通印刷股份有限公司
889毫米×1194毫米　1/32　5.25印张　字数：87千字
2017年10月第1版　2017年10月第1次印刷
ISBN 978-7-5142-1863-3
定价：36.00元

后浪出版咨询(北京)有限责任公司 常年法律顾问：北京大成律师事务所
周天晖 copyright@hinabook.com
未经许可，不得以任何方式复制或抄袭本书部分或全部内容
版权所有，侵权必究
如有质量问题，请寄回印厂调换。联系电话：010-64010019